重庆市畜牧

U0606212

重庆草品种试验

回顾与进展 (2008—2022)

陈东颖　尹权为　刘学福　李发玉　贺德华　主编

中国农业出版社

北　京

图书在版编目（CIP）数据

重庆草品种试验回顾与进展：2008—2022/陈东颖
等主编. —北京：中国农业出版社，2024.5
ISBN 978-7-109-32015-4

Ⅰ.①重⋯　Ⅱ.①陈⋯　Ⅲ.①草坪−品种−区域试验
−重庆−2008−2022　Ⅳ.①S688.4

中国国家版本馆CIP数据核字（2024）第110036号

中国农业出版社出版

地址：北京市朝阳区麦子店街18号楼
邮编：100125
策划编辑：全　聪
责任编辑：王陈路
版式设计：李向向　　责任校对：吴丽婷　　责任印制：王　宏
印刷：北京通州皇家印刷厂
版次：2024年5月第1版
印次：2024年5月北京第1次印刷
发行：新华书店北京发行所
开本：787mm×1092mm　1/16
印张：10.5
字数：238千字
定价：68.00元

编写委员会

主　任　贺德华　向品居

副主任　李发玉　潘　川　晏　亮

委　员　贺德华　向品居　李发玉　潘　川　晏　亮

张　科　康　雷　范首君　尹权为　刘学福

陈东颖　李　舸　唐　军　齐　晓　邵麟惠

吴　平　姚福吉　易　旭　尹思明　吴　梅

程　尚　赖　鑫　高　敏　蒋林峰　余世田

胡　俊　王　源

编　写　组

主　　编　陈东颖　尹权为　刘学福　李发玉　贺德华

副主编　吴　梅　程　尚　赖　鑫　高　敏　蒋林峰

邵麟惠

编写人员　郭炎峰　黎光杨　李发玉　贺德华　陈东颖

尹权为　刘学福　张　科　吴　梅　程　尚

邵麟惠　赖　鑫　高　敏　张璐璐　韦艺媛

蒋林峰　樊　莉　荆战星　余世田　张　丽

张　鹏　胡　俊　姚　超

  21世纪以来，随着粮经饲三元结构的形成和饲草产业的兴起，重庆饲草生产及试验工作稳步推进，尤其是自2008年开始承担国家草品种区域试验后，草品种试验工作得到进一步加强，集成了一系列的试验成果。为了总结2008—2022年15年来的重庆草品种试验工作，发布试验、示范相关技术方案、数据，推进相关结果的应用，为从事、支持、关心草业试验与研究的各有关部门和广大科技工作者了解、研究重庆草业试验研究及推广情况提供参考，重庆市畜牧技术推广总站组织相关技术人员编写了《重庆草品种试验回顾与进展（2008—2022）》。全书共六章：第一章包括重庆饲草饲料工作机构沿革及重庆草品种试验、国家草品种区域试验重庆点的历史等内容；第二章包括国家草品种区域试验重庆点的试验基地建设、主要做法、试验任务及通过审定品种名录、试验技术方案等内容；第三章包括狼尾草属饲草、饲用甜高粱、多花黑麦草、青贮玉米、红三叶、饲用燕麦、拉巴豆7个饲草品种的筛选与评价试验情况；第四章包括关键年份的牧草生产示范、草业生产典型案例等内容；第五章为饲草主导草种与主推技术，包括2008—2022年间重庆发布的饲草部分有关内容；第六章为成果展示，包括获奖、编制标准、出版图书、发表论文、申报专利等情况。附录部分包括国家草品种区域试验重庆点掠影、大事记以及鲁梅克斯k-1杂交酸模引进试点试验。本书集中展示了重庆草品种试验工作15年来的做法、成果及有关工作人员的风采，内容贴合重庆草业实际，对于饲草生产具有一定的指导和参考作用。本书在编写过程中得到了行业有关领导和专家的指导和帮助，在此一并表示衷心的感谢！

由于时间仓促，加之编者水平有限，书中难免出现遗漏、偏差甚至错误之处，敬请读者批评指正。

编者

2023 年 6 月

CONTENTS **目 录**

前言

第一章

概　　述

第一节　重庆饲草饲料工作机构沿革

一、重庆市饲草饲料站成立

1997年6月18日，重庆直辖市正式挂牌成立，辖区由原计划单列市时的重庆市，增加了四川省管辖的原"万县市""涪陵市""黔江地区"（以下简称"两市一地"）。"两市一地"的纳入，极大地扩展了原重庆市的辖区范围。

"两市一地"区域草山、草坡资源较为丰富，草食牲畜数量较多、发展较好。各市、地区均设有"饲草饲料站""草资源开发管理站"等专门机构，承担和从事饲草饲料生产、新品种引进、新技术推广应用、行业管理、技术指导等工作。

有鉴于此，为更好地统筹、开展全市相关工作，1998年底，重庆市机构编制委员会（以下简称市编委）同意市农业局报告，批准设立重庆市饲草饲料站，与重庆市饲料质量监测管理所合署办公，实行"两块牌子一套班子"管理。自此，重庆有了市级饲草饲料专门工作机构，按照市编委批复的职能职责，"……负责……全市牧草品种的试验、评价、筛选、引进……"等工作。

二、重庆市饲料饲草站设立

2003年10月，原重庆市农业局直属单位机构改革，合并原重庆市饲料质量监测管理所（重庆市饲草饲料站）、重庆市兽医防疫站、重庆市牲畜运输检疫站、重庆市畜禽品种改良站、重庆市兽药监察所、重庆市奶类项目领导小组办公室6个单位，重新组建为重庆市畜牧技术推广总站、重庆市动物卫生监督总站2个直属单位。市编委文件明确："……重庆市畜牧技术推广总站……加挂重庆市饲料饲草站、重庆市草原监理站……重庆市牧草种子质量检验测试站等5个牌子，……负责全市畜牧生产技术推广和咨询服务，畜禽和饲草饲料品种、技术引进、示范，畜禽和牧草资源保护、开发、利用指导，草原生态和灾害防治，草原监理……生产指导……良种繁育体系建设等工作……"

20 多年来，负责重庆草业工作的市级机构，名称先后由重庆市饲草饲料站更替为重庆市饲料饲草站，均为合署办公。2018 年重庆市级机构改革时，依照国家机构改革体例，将"草原"及相关职能职责划入重庆市规划和自然资源管理部门，其余饲草饲料及相关职能职责等没有变化，根据文件《中共重庆市委机构编制委员会办公室关于市农业农村委所属事业单位机构编制的复函》（渝委编办〔2019〕153 号），市畜牧技术推广总站不再挂草原监理站牌子。

第二节　重庆草品种试验

一、草品种引进筛选评价试验

2008 年，农业部依托全国畜牧（草业）技术支撑体系等建立国家草品种区域试验网络，按照国家草品种审定委员会制定的管理办法等，开展全国统一技术标准、方法的草品种区域试验。

重庆作为国家草品种区域试验网络成员，为更好地做好该项工作，在主管部门等的支持下，2008 年以来，重庆市畜牧技术推广总站（即重庆市饲料饲草站）先后申报、实施了"重庆市优质牧草试验基地建设"项目，与国家草品种区域试验工作相互配合、互为补充。

重庆市优质牧草试验基地参照国家草品种区域试验技术标准和要求等，开展饲草栽培技术探索、新品种适应性观察、生长特性展示、生产性能测定、适宜品种评价筛选等工作。先后进行了饲用甜高粱大力士、海牛，高丹草超级糖王、黑贝，青贮玉米渝青玉3 号、雅玉 8 号，狼尾草属饲草桂牧 I 号、台湾甜象草，饲用燕麦梦龙、黑玫克、爱沃，饲用小黑麦雷神、普瑞，拉巴豆等饲用作物和紫花苜蓿渝苜 I 号、WL525HQ，多花黑麦草特高、沃克，巫溪红三叶、加拿大红三叶，扁穗牛鞭草等牧草，以及饲用桑、紫云英、绛三叶等特殊品类共计 100 多个品种的展示、评价。开展了饲用甜高粱、青贮玉米等饲用作物不同种植密度丰产技术、禾本科高大饲用作物与豆科饲用作物拉巴豆等不同比例混种技术及饲草营养变化、优质高产饲用作物与牧草间套轮作、青贮玉米复种等模式及饲草壕贮窖贮裹包青贮等加工利用技术的研究，为制定全市畜牧业主推技术、确定主导品种及草食牲畜发展，尤其规模化养殖等，提供强有力的技术支撑，为政府和有关部门决策提供可靠依据。

二、示范点建设

为更好掌握不同饲草品种在重庆不同区域的生产、抗性等表现，市畜牧技术推广总站先后与丰都、合川、黔江、武隆等地多家饲草生产、养殖企业合作，共同建设饲草种植、加工、利用示范基地（点），以进一步收集、验证较大面积情况下的相关数据，了解、掌握有关情况，总结、完善相关措施，拓展、丰富技术内容，为大面积推广和后续工作开展等收集更加可靠的技术资料。

第三节　国家草品种区域试验重庆点

2008年以来，重庆市畜牧技术推广总站作为国家草品种区域试验参加单位，在国家草品种审定委员会统筹安排下，按照每年指定的任务内容和试验方案要求，统一开展区域试验工作。因多种原因，重庆的国家草品种区域试验基地2008年在万州、巫溪开展，至2009年变更为渝北区统景镇合理村，2010年逐步更换到南川区大观镇龙川村，2013年又开始从龙川村逐步变更到云雾村，至今固定在云雾村。其间尽管地点有变，但全国区域试验工作未受任何影响。每个试验点开始的任务内容，全部按照试验方案的技术、时间要求，在该地完成，新启任务则在新试验地进行，有效保证了区域试验数据的一致性、有效性、可靠性。

渝北区统景镇合理村试验基地存续时间为4年（2009—2012年），主要进行了牧草鸭茅和草坪草马蹄金两个批次的全国区域试验工作。做了扁穗牛鞭草、杂交狼尾草的展示等。

南川区大观镇龙川村试验基地前后存续6年（2010—2015年），主要承担了国家草品种审定委员会2010—2012年间下达给国家草品种区域试验站（南川）的红三叶、鸭茅、大凑草、鹅冠草、苇状羊茅等6个试验组19个品种的区域试验任务。结合全国区域试验工作，先后自主进行了紫花苜蓿WL903、维多利亚，白三叶克朗德、胡依阿，多花黑麦草钻石T、兰天堂，多年生黑麦草卓越、马迪尼，巫溪红三叶、加拿大红三叶，牛鞭草等牧草，火凤凰、球道等草坪草和大力士、青贮大师等饲用甜高粱、饲用玉米、皇竹草等多个品种的展示。

南川区大观镇云雾村试验基地（2013年至今）自2013年启用，至今10多年以来，作为西南栽培区川鄂湘黔边境山区亚区的国家草品种区域试验站，陆续承担了国家草品种区域试验站（南川）的多花黑麦草、苦荬菜、鸭茅、杂交狼尾草、菊苣、红三叶、多花木蓝、大凑草、美丽胡枝子、非洲狗尾草、美洲狼尾草等牧草及草坪草马蹄金等30多个试验组百余品种的区域试验任务。先后自主开展了拉巴豆、青饲青贮玉米、高丹草、狼尾草、甜高粱、饲用燕麦、饲用小黑麦、牛鞭草、饲用桑等诸多饲草品种展示，进行了高大饲用作物不同栽培密度丰产技术、禾本科与豆科饲草混播丰产技术及其养分变化、皇竹草越冬管理、高产饲草不同方式的青贮利用、饲草混作轮作、粮草轮作模式等的研究。

第二章

国家草品种区域试验重庆点

第一节　试验基地建设

国家草品种区域试验重庆点，自2008年开始由重庆市畜牧技术推广总站承建运行，先后在渝北统景合理、南川大观龙川等地建点，自2013年至今，一直在南川大观云雾。2013年，通过全国畜牧总站考核，授牌"国家草品种区域试验站（南川）"，作为西南栽培区川鄂湘黔边境山区亚区的国家草品种区域试验站。

一、自然条件

国家草品种试验站（南川）位于重庆南川大观云雾，东经106°57′，北纬29°16′，海拔690m。年平均温度16.7℃，最热月平均温度26.4℃，最冷月平均温度6.5℃，极端最高温度41.5℃，极端最低温度−4.7℃，平均年降水量1 103.2mm，无霜期297d，年≥0℃积温6 110.1℃，年≥10℃积温5 237.2℃。土壤为黄壤，有机质含量30.1%，pH 5.6。

二、基础配套

为确保国家草品种区域试验工作在重庆站点顺利开展，重庆市畜牧技术推广总站从试验地、人员、制度等方面进行了全面配套。

（一）试验地配套

试验站经过多年的持续建设，条件成熟，配套齐全。占地1.3hm²左右，为租用性质，租用年限较长，权属明确，地块方正、平坦。具有排水沟、远程监控、喷灌设施、小型气象站，水源充足，用水用电皆方便，建设了铁丝网围栏、田间道路，并设立公示牌。项目组根据需求已添置了文件柜、烘箱、数码照相机、数显游标卡尺、皮尺、卷尺、锄头、杆秤、台秤、海拔仪、割草刀、割草机、样方框、样方袋及抽水机、喷雾器等基本设施和器材器具30台（个、把）；累计购买区域试验标示牌1 000多个，铁丝网围栏420m；设立告示牌3个。试验基地租用了管理用房，并落实日常看护人员。随着试验的进行，随时根据需求添置所需设施设备。

（二）人员配套

试验站的区域试验项目一直由重庆市畜牧技术推广总站分管饲草饲料科（草原监理科）的领导及科室人员具体开展实施，技术人员队伍稳定，项目实施主要技术人员基本没有变动，专职技术人员均为草业科学、畜牧学、农学等专业毕业的本科生或研究生，具有多年从事牧草技术推广工作的经验，工作兢兢业业，认真负责，吃苦耐劳，责任心很强。自承担开展区域试验工作以来，重庆市畜牧技术推广总站15年来先后累计从事区域试验项目的工作人员有李发玉、刘学福、尹权为、陈东颖、李舸、唐军、程宏伟、周树珍等10余名，其中技术人员8人、硕士以上人员5人、副高级职称4人、农业技术推广研究员1人，现从事区域试验项目的工作人员5名，其中技术人员4人、硕士以上人员3人、副高级职称2人、农业技术推广研究员1人。

（三）制度配套

制度健全是试验规范、顺利开展和试验材料安全的保障。为了保证国家草品种区域试验项目顺利有序地实施，先后制定并执行了《重庆市国家农作物品种区域试验草品种区域试验项目管理办法（试行）》和《重庆市国家农作物品种区域试验草品种区域试验项目质量责任人制度（试行）》。同时，明确职责，规范了区域试验各环节细化管理办法，制定并严格执行了《重庆市国家草品种区域试验突发事件应急预案》，设立公告牌，安装围栏，确保区域试验基地安全，不受人畜影响，有效防止了试验材料扩散、损坏或丢失。

三、协同发展

以国家草品种区域试验站（南川）为平台，经过重庆市畜牧技术推广总站的逐步建设，购置了拖拉机、青贮粉碎机、打包机等设施设备，已在南川大观建成集饲草信息化管理、机械化种植、收割和加工试验示范为一体的"重庆市饲草试验基地"1个。多年来，持续开展重庆优良牧草筛选、优良饲草种植利用技术推广项目10多个，同期开展重庆优势草种的系列展示、评价、筛选工作和饲草及农副秸秆等的青贮加工等试验工作，同时，通过多年开展的优良饲草品种筛选试验所得数据，共计选出适宜重庆地区种植的多花黑麦草、青贮玉米、饲用甜高粱、杂交狼尾草属等优良饲草品种10多个，为每年发布重庆主推草种及主推技术提供技术支撑。制定重庆地方标准23个，发表论文15篇，出版图书9部，获得国家发明专利或实用新型专利12项，14人次获得省部级奖项，成果丰硕。

四、交流宣传

重庆市畜牧技术推广总站积极地对外交流宣传，先后在重庆日报、重庆市畜牧网等平台开展国家草品种区域试验相关工作宣传活动，接待重庆内外科研院所、高校、国家草产业体系、技术推广单位、企业等单位前来参观交流和指导工作400多人次，提升了重庆草品种区域试验站的形象，增加了行业内人员对草品种区域试验的认识。

第二节　国家草品种区域试验重庆点主要做法

一、学习掌握技术方案

国家草品种区域试验技术方案是试验站开展田间试验的直接依据。试验技术方案的正文包括试验安排、试验设计、播种和田间管理、指标测定、数据分析与总结、异常情况处理等，清晰明确地指导了参试试验组本年度在试验点的区域试验工作，能够有效确保各区域试验组的田间管理和数据观测工作顺利进行，确保区域试验数据真实、准确，确保国家草品种区域试验工作在重庆点科学、规范、有序地开展。因此，及时学习并掌握技术方案是开展年度试验工作的首要任务之一。

每年年初，国家草品种审定委员会给重庆点下达试验任务，并下发对应任务试验组的技术方案。接到试验任务后，重庆市畜牧技术推广总站领导高度重视，要求承担人员要以一丝不苟、严谨求实的态度，严格执行技术方案，安全有效、保质保量完成任务。分管领导立即组织项目组有关人员认真学习各个试验组的技术方案，尤其是对试验技术方案正文部分的各个环节进行重点学习，对于不理解、有疑问的内容及时与国家草品种审定委员会相关人员沟通、确认，熟悉各个技术环节。另外，项目有关技术人员积极参加全国畜牧总站多次在有关省、市举办的区域试验项目培训班学习，同时到四川、云南、河南、湖南、湖北、北京、广东等多个省份的区域试验站点参观学习30余人次，进一步提高区试工作技术水平，有效保障重庆点各试验组任务的顺利开展。

二、认真开展试验工作

严格按照技术方案开展田间管理和观测是区域试验的核心内容，其中各项技术要求是否执行到位将直接影响试验数据的准确性和可靠性。因此，在学习试验技术方案后，项目组人员根据《国家草品种区域试验规范》和技术方案要求，开展各个环节的工作。

首先，对各个试验组所用地块进行科学规划，开展底肥施用、耕地等土地准备工作。确定试验用地前，测定土壤肥力，确保试验地块肥力均匀，对于土壤肥力不均匀的地块提前进行匀地工作，待地块肥力均匀后再安排区域试验。在收到试验用种（种子或种茎）后，认真核对小区播种量等信息，安排专人妥善保存区域试验用种。根据方案要求结合天气情况，适时开展播种（育苗、扦插）工作，试验小区布置严格采用随机区组设计，播种前制订详细的播种方案，包括画出小区分布和种植图，计算小区每行实际播种量，按播种行称量种子，做到精细播种，确保出苗均匀。对于种子较小的试验材料，在播种前将种子和细沙或细土混合，播种时再采用"少量多次"的播种方式，确保播种均匀。播种后同时记录播种时间、气温等信息。

其次，在后续试验开展过程中勤观察、多拍照，记录各参试品种长势情况，将出苗期（返青期）、分枝（蘖）期、花期、成熟期、生育天数、枯黄期、越夏越冬等情况，记载在对应表格中。根据技术方案适时测产，准确把握产量测定的时间，按照方案要求对达到一定株高或生育期的小区开展测产，收获测产面积内的地上生物量，并按照方案要求统一留茬高度。对于植株生长不均匀的小区，测产面积严格按照"不少于4m²"原则执行。刈割测产后，及时进行干鲜比、叶茎比样品的实验室测定。每个试验品种每茬次测定一个干鲜比数据，即将同一个品种4个重复的草样混合后测定一个干鲜比。在叶茎比测定过程中，叶茎分离时，禾本科牧草叶鞘部分归入茎中，花序部分归入叶中；豆科牧草的叶片、叶柄、托叶和花序部分均归入叶中。在测产过程中，严格按照技术方案认真测、仔细量。测产后，及时开展追肥施用等工作。田间操作中，同一项技术措施在同一天完成，确实无法在同一天完成的，至少保证同一区组的该项操作在同一天完成。接到上级试验组的结束试验通知后，及时严格按照规定销毁种苗，并做好记录。项目有关技术人员在整个试验开展过程中，认真记录田间各项测量数据，妥善保管原始数据，及时归档档案资料。

三、数据录入并整理上报

在田间采集到原始数据后，根据技术方案要求将其及时录入对应电子表格及平台，每年年底按照方案要求的时间及时上报各项数据记载表，保质保量完成年度各阶段区域试验任务。

第三节　国家草品种区域试验重庆点的试验任务及通过审定品种名录

一、国家草品种区域试验重庆点的试验任务

2008—2022年，国家草品种区域试验重庆点共计开展牧草和草坪草两大类别38个试验组120个品种的试验任务，其中禾本科试验组29组，分别为多花黑麦草（6组）、鸭茅（4组）、苇状羊茅（3组）、高粱-苏丹草杂交种（3组）、燕麦（2组）、大负草（2组）、苏丹草、黑麦、谷稗、鹅观草、牛鞭草、扁穗雀麦、多年生薏苡、象草、非洲狗尾草各1组；豆科试验组5组，分别为红三叶（2组）、紫花苜蓿、美丽胡枝子、多花木蓝各1组，菊科试验组2组，均为苦荬菜；草坪草试验组2组，均为马蹄金。详见表2-1。

表2-1　2008—2022年国家草品种区域试验重庆点参试试验组统计

序号	试验点	试验组饲草种类	试验组编号	参试品种数（个）
1	渝北统景合理	马蹄金	2009CP204	2
2		鸭茅	2009HB106	3
3	南川大观龙川	鸭茅	2010HB106	4
4		大刍草	2011HB108	3
5		谷稗	2011HB115	2
6		红三叶	2011DK013	3
7		鹅观草	2011HB113	3
8		苇状羊茅	2012HB117	4
9	南川大观云雾	苇状羊茅	2014HB117	3
10		苇状羊茅	2015HB117	2
11		苦荬菜	2015QT404	2
12		燕麦	2017HB109	3
13		紫花苜蓿	2017DK001	3
14		高粱-苏丹草杂交种	2016HB101	7
15		扁穗雀麦	2018HB107	3
16		美丽胡枝子	2017DK003	3
17		多花黑麦草	2017HB102	3
18		多年生薏苡	2018HB132	3
19		马蹄金	2018CP204	3
20		多花黑麦草	2018HB102	3
21		燕麦	2018HB109	3
22		牛鞭草	2019HB136	3
23		苏丹草	2019HB120	4
24		高粱-苏丹草杂交种	2019HB101	3
25		多花木蓝	2019DK034	3
26		多花黑麦草	2019HB102	3
27		黑麦	2020HB139	2
28		鸭茅	2020HB106	4
29		鸭茅	2020HB140	3
30		多花黑麦草	2020HB102	3
31		红三叶	2020DK013	4
32		高粱-苏丹草杂交种	2020HB101	3
33		苦荬菜	2020QT404	4

(续)

序号	试验点	试验组饲草种类	试验组编号	参试品种数（个）
34		象草	2021HB121	3
35		大刍草	2021HB108	3
36	南川大观云雾	多花黑麦草	2021HB102	4
37		多花黑麦草	2022HB102	3
38		非洲狗尾草	2022HB142	3
		合计		120

二、2018—2022年在重庆点试验并通过审定的品种名录

2008—2022年在国家草品种区域试验重庆点试验并通过审定的草品种共计18个（表2-2）。这些草品种为重庆市筛选主推饲草品种提供了有力的技术支撑。

表2-2　2008—2022年国家草品种区域试验重庆点通过审定的草品种统计

序号	试验组饲草种类	参试试验组编号	参试品种数（个）	通过审定的品种名称	登记号	登记年份
1	马蹄金	2009CP204	2	都柳江马蹄金	462	2013
2	鸭茅	2009HB106	3	滇北	464	2014
3	谷稗	2011HB115	2	长白稗	458	2013
4	红三叶	2011DK013	3	鄂牧5号	478	2015
5	鹅观草	2011HB113	3	川中	491	2015
6	苦荬菜	2015QT404	2	川选1号	557	2018
7	紫花苜蓿	2017DK001	3	翠博雷（Triple play）	590	2020
8	高粱-苏丹草杂交种	2016HB101	7	蜀草1号	551	2018
9	扁穗雀麦	2018HB107	3	川西	592	2020
10	美丽胡枝子	2017DK003	3	鄂西北	612	2021
11	多花黑麦草	2018HB102	3	安第斯（Andes）	595	2020
12	燕麦	2018HB109	3	苏特（Shooter）	592	2020
13	牛鞭草	2019HB136	3	川中	633	2022
14	苏丹草	2019HB120	4	曲丹8号（Trudan8）	609	2021
15				川苏1号	628	2022
16	高粱-苏丹草杂交种	2019HB101	3	速丹79（Sordan 79）	618	2021
17	多花木蓝	2019DK034	3	闽南穗序木蓝	626	2022
18	高粱-苏丹草杂交种	2020HB101	3	蜀草4号	629	2022

第四节　国家草品种区域试验重庆点试验技术方案

2008—2022年，国家草品种区域试验重庆点共计开展38个试验组的试验任务。对于重复的饲草种，仅对一年的试验方案进行介绍。

一、禾本科试验组区域试验技术方案

（一）多花黑麦草品种区域试验技术方案（2018年度）

1.试验目的

客观、公正、科学地评价多花黑麦草参试品种的丰产性、适应性和营养价值，为新草品种审定和推广应用提供科学依据。

2.试验安排

（1）试验点　安排四川新津、达州，贵州贵阳、独山，重庆南川，湖南邵阳，湖北武汉，江苏南京，共8个试验点。

（2）参试品种　编号为2018HB10201、2018HB10202和2018HB10203，共3个品种。

3.试验设置

（1）试验地的选择　试验地应尽可能代表所在试验区的气候、土壤和栽培条件等。选择地势平整、土壤肥力中等且均匀、前茬作物一致、无严重土传病害、具有良好排灌条件（雨季无积水）、四周无高大建筑物或树木影响的地块。为保证试验土壤肥力的均匀性，翌年试验不能重茬，需更换试验地块。

（2）试验设计

试验周期：2017年秋季起，试验不少于2个生产周期。

小区面积：15m^2（长5m×宽3m）。

小区布置：采用随机区组设计，4次重复，同一区组应放在同一地块，整个试验地四周设1m保护行。

4.播种和田间管理

（1）一般原则　进行田间操作时，同一项技术措施应在同一天完成。同项技术措施无法在同一天完成时，同一区组的该项措施必须在同一天完成。

（2）试验地准备　播前应对试验地的土质和肥力状况进行调查分析。种床要求精耕细作。

（3）播种期　秋季9—10月播种。

（4）播种方法　条播，行距30cm，每小区10行，播种深度1～2cm，在此范围内沙性土壤的播种深度稍深，黏性土壤的播种深度稍浅。

（5）播种量　理论播种量为每小区30g（每亩1.3kg，种子用价＞80%）。

该试验组为一年生，各年度实际播种量由全国畜牧总站根据实际种子用价计算后通知各试验点。如果临近最佳播种时间仍未收到相关通知，应主动联系全国畜牧总站询问实际播种量，不得擅自播种。

（6）田间管理 田间管理水平略高于当地大田生产水平，及时查苗补种或补苗、防除杂草、施肥、排灌并防治病虫害（抗病虫性鉴定的除外），以满足参试品种正常生长发育的水肥需要。

查苗补缺：尽可能一次播种保全苗，若出现明显的缺苗，应尽快进行补播或移栽补苗。

杂草防除：可人工除草或选用适当的除草剂，以保证参试品种的正常生长，尤其要注意苗期杂草防除，优先选用人工除草方式。

施肥：根据试验地土壤肥力状况，可适当施用底肥、追肥，满足参试草种中等偏上的需肥要求。氮肥推荐用法用量为分蘖期和每次刈割后，每小区追施160g的尿素；磷肥全部用作种肥，每小区施重过磷酸钙260g；根据土壤条件和植物生长状况，确定是否需要追施钾肥。

水分管理：根据天气和土壤水分含量，适时适量浇水，保证每个小区得到均匀灌溉。遇雨水过量应及时排涝。

病虫害防治：以防为主，生长期间根据田间虫害和病害的发生情况，选择高效低毒的药剂适时防治。

5. 产草量的测定

产草量包括第一次刈割的产量和再生草产量。第一次测产在绝对株高约40cm时进行，以后各茬在绝对株高约50cm时刈割，留茬高度4cm。测产时先去掉小区两侧边行，再将余下的8行留中间4m，然后割去两头，将余下部分9.6m² 刈割测产，并换算成实际面积产量。如个别小区因家畜采食、农机碾压等非品种自身特性的特殊原因缺苗，应按实际测产面积计算产量，但该小区的测产面积不得少于4m²。如因抗寒、抗旱、耐热等品种自身适应性不好原因缺苗，应按照9.6m² 面积计产，不应刨除缺苗面积计产。要求用感量0.1kg的秤称重，记载数据时须保留2位小数。产草量测定结果记入规定表格。

6. 取样

（1）干重 每次刈割测产后，从每小区随机取3～5把草样，将4个重复的草样混合均匀，取约1 000g的样品，剪成3～4cm长，编号称重。将称取鲜重后的样品置于烘箱中，60～65℃烘干12h，取出放置室内冷却回潮24h后称重，然后再放入烘箱60～65℃烘干8h，取出放置室内冷却回潮24h后称重，直至两次称重之差不超过2.5g为止。计算各参试品种的干重和干鲜比，测定结果记入规定表格。

（2）营养价值 只在国家草品种区域试验站（新津）取样，农业农村部全国草业产品质量监督检验测试中心负责检测。将第一个生产周期第一茬测完干重后的草样保留，作为营养价值测定样品。安排取样的试验点无法获得营养价值测定样品时，应及时通知全国畜牧总站。

7. 观测记载项目

按要求进行田间观察，并记载当日所做的田间工作，整理填写入表。

8.数据分析

（1）产草量变异系数的计算　计算参试品种的全年累计产草量变异系数（CV），记入规定表格。CV超过20%的，要进行原因分析，并记录在表格下方。计算变异系数、同品种不同重复的产草量数据标准差、同品种不同重复的产草量数据平均数。

（2）区组间产草量的差异分析　对比不同区组间的全年累计产草量数据，波动较大的，要进行原因分析，并记录在表格下方。

9.总结报告

各试验点于每年12月10日之前将全部试验数据和填写完整的材料提交省级项目组织单位审核，项目组织单位于12月20日之前将以上材料（纸质及电子版）提交至全国畜牧总站。遇特殊情况可延至12月31日前提交以上材料，但须说明原因及最后报送时间。

10.试验报废

有下列情形之一的，该试验组进行全部或部分报废处理：

因不可抗拒因素（如自然灾害等）造成试验不能正常进行；

同品种缺苗率超过15%的小区有2个或2个以上；

同一试验组中，有较多参试品种的产草量变异系数超过20%；

其他严重影响试验科学性情况的。

试验期间，因以上原因造成试验报废的，试验点应及时通过省级项目组织单位向全国畜牧总站提供详细的书面报告。

（二）鸭茅品种区域试验技术方案（2020年度）

1.试验目的

客观、公正、科学地评价鸭茅参试品种的丰产性、适应性和营养价值，为新草品种审定和推广应用提供科学依据。

2.试验安排

鸭茅参试品种被分为2个试验组，试验组编号分别为2020HB106和2020HB140。

试验组2020HB106包括01～04号，共4个品种，安排在贵州贵阳、四川新津、重庆南川、北京双桥等4个试验点。

试验组2020HB140包括01～03号，共3个品种，安排在贵州贵阳、四川成都新津、重庆南川、北京朝阳双桥等4个试验点。

3.试验设置

（1）试验地的选择　试验地应尽可能代表所在试验区的气候、土壤和栽培条件等。选择地势平整、土壤肥力中等且均匀、前茬作物一致、杂草少、无严重土传病害、具有良好排灌条件（雨季无积水）、四周无高大建筑物或树木影响的地块。

（2）试验设计

试验周期：2020年起，试验不少于3个完整的生产周期。

小区面积：15m²（长5m×宽3m）。

小区布置：采用随机区组设计，4次重复，同一区组应放在同一地块，整个试验地四周设1m保护行。

4. 播种和田间管理

（1）一般原则　进行田间操作时，同一项技术措施应在同一天完成。同项技术措施无法在同一天完成时，同一区组的该项措施必须在同一天完成。

（2）试验地准备　播前应对试验地的土质和肥力状况进行调查分析。种床要求精耕细作。

（3）播种期　秋季适时播种。

（4）播种方法　条播，行距30cm，每小区10行，播种深度0.5～1cm，在此范围内沙性土壤的播种深度稍深，黏性土壤的播种深度稍浅。

（5）播种量　每小区22.5g（每亩1.0kg，种子用价>80%）。

（6）田间管理　管理水平略高于当地大田生产水平，及时防除杂草、施肥、排灌并防治病虫害等，以满足参试品种正常生长发育的水肥需要。

查苗补缺：尽可能一次播种保全苗，若出现明显的缺苗，应尽快进行补播或移栽补苗。

杂草防除：可人工除草或选用适当的除草剂，以保证参试品种的正常生长，尤其要注意苗期应及时除杂草。

施肥：根据试验地土壤肥力状况，可适当施用底肥、追肥，满足参试草种中等偏上的需肥要求。氮肥推荐用法用量为分蘖期和每次刈割后，每小区分别追施160g的尿素；磷肥全部用作种肥，每小区施重过磷酸钙260g；根据土壤条件和植物生长状况，确定是否需要追施钾肥。

水分管理：根据天气和土壤水分含量，适时适量浇水，浇水原则为少浇深浇，保证每个小区得到均匀灌溉。遇雨水过量应及时排涝。

病虫害防治：生长期间根据田间虫害和病害的发生情况，选择低毒高效的药剂适时防治。

5. 产草量测定

产草量包括第一次刈割的产量和再生草产量。每次在绝对株高40～50cm时刈割，留茬高度4cm。当年最后一茬再生草在初霜前30d刈割，最后一次刈割留茬高度5～6cm。测产时先去掉小区两侧边行，再将余下的8行留中间4m，然后去掉两头，实测所留9.6m²的鲜草产量。如个别小区因家畜采食、农机碾压等非品种自身特性的特殊原因缺苗，应按实际测产面积计算产量，但该小区的测产面积不得少于4m²。要求用感量0.1kg的秤称重，记载数据时须保留2位小数。产草量测定结果记入规定表格。

6. 取样

（1）干重　每次刈割测产后，从每小区随机取3～5把草样，将4个重复的草样混合均匀，取约1 000g的样品，剪成3～4cm长，编号称重。将称取鲜重后的样品置于烘箱中，60 ～ 65℃烘干12h，取出放置室内冷却回潮24h后称重，然后再放入烘箱60 ～ 65℃烘干8h，取出放置室内冷却回潮24h后称重，直至两次称重之差不超过2.5g为止。计算各参试品种的干重和干鲜比，测定结果记入规定表格。

（2）营养价值　只在国家草品种区域试验站（北京）取样，农业农村部全国草业产品质量监督检验测试中心负责检测。将第一个生产周期第一茬测完干重后的草样保留，作为营养价值测定样品，送样量不得少于500g。样品需标明取样日期、取样试验点名称、样品重量、草种名称、草种编号、送样人及联系方式等信息。安排取样的试验点无法获得营养价值测定样品时，应及时通知全国畜牧总站。

7. 观测记载项目

按要求进行田间观察，并记载当日所做的田间工作，整理填写入表。

8. 数据分析

（1）产草量变异系数的计算　计算参试品种的全年累计产草量变异系数（CV），记入规定表格。CV超过20%的，要进行原因分析，并记录在表格下方。计算变异系数、同品种不同重复的产草量数据标准差、同品种不同重复的产草量数据平均数。

（2）区组间产草量的差异分析　对比不同区组间的全年累计产草量数据，波动较大的，要进行原因分析，并记录在表格下方。

9. 总结报告

各试验点于每年12月10日之前将全部试验数据和填写完整的材料提交省级项目组织单位审核，项目组织单位于12月20日之前将以上材料（纸质及电子版）提交至全国畜牧总站。遇特殊情况可延至12月31日前提交以上材料，但须说明原因及最后报送时间。

10. 试验报废

有下列情形之一的，该试验组进行全部或部分报废处理：

因不可抗拒因素（如自然灾害等）造成试验不能正常进行；

同品种缺苗率超过15%的小区有2个或2个以上；

同一试验组中，有较多参试品种的产草量变异系数超过20%；

其他严重影响试验科学性情况的。

试验期间，因以上原因造成试验报废的，试验点应及时通过省级项目组织单位向全国畜牧总站提供详细的书面报告。

（三）苇状羊茅品种区域试验技术方案（2012年度）

1. 试验目的

客观、公正、科学地评价苇状羊茅参试品种（系）的产量、适应性和品质特性等综合性状，为国家草品种审定和推广提供科学依据。

2. 试验安排及参试品种

（1）试验区域及试验点　华北、华中、西南等地区，共安排6个试验点。

（2）参试品种（系）　科瑞、马丁2号、长江1号、约翰斯顿。

3. 试验设置

（1）试验地的选择　试验地应尽可能代表所在试验区的气候、土壤和栽培条件等。选择地势平整、土壤肥力中等且均匀、前茬作物一致、无严重土传病害、具有良好排灌条件（雨季无积水）、四周无高大建筑物或树木影响的地块。

（2）试验设计　参试的4个苇状羊茅品种（系）设为1个试验组。

试验周期：2012年起，试验不少于3个生产周期（2015年底试验结束）。

小区面积：15m²（长5m×宽3m）。

小区设置：采用随机区组设计，4次重复，同一区组应放在同一地块，整个试验地四周设1m保护行。

4. 播种和田间管理

（1）一般原则　进行田间操作时，同一项技术措施应在同一天完成。同项技术措施无法在同一天完成时，则同一区组的该项措施必须在同一天完成。

（2）试验地的准备　播种前应对试验地的土质和肥力状况进行调查分析。种床要求精耕细作。

（3）播种期　一般4—5月播种。长江以南低海拔地区，根据当地气候，适时秋播。

（4）播种方法　条播，行距30cm，每小区播种10行。播种深度1～2cm，播后镇压。

（5）播种量　每小区34g（每亩1.5kg，种子用价＞80%）。

（6）田间管理　管理水平略高于当地大田生产水平，及时查苗补缺、防除杂草、施肥、排灌并防治病虫害（抗病虫性鉴定的除外），以满足参试品种（系）正常生长发育的水肥需要。

查苗补缺：尽可能一次播种保全苗，若出现明显的缺苗，应尽快补播。

杂草防除：可人工除草或选用适当的除草剂，以保证试验材料的正常生长。

施肥：根据试验地土壤肥力状况，可适当施用底肥、追肥，满足参试草种中等偏上的需肥要求。氮肥推荐用法用量为分蘖期和每次刈割后，每小区追施150g的尿素；磷肥全部作基肥，每小区施过磷酸钙300g；根据土壤条件和植物生长状况，确定是否需要追施钾肥。

水分管理：根据天气和土壤水分含量，适时适量浇水，浇水原则为少浇深浇，保证每小区得到均匀灌溉。遇雨水过量应及时排涝。

病虫害防治：以防为主，生长期间根据田间虫害和病害的发生情况，选择高效低毒的药剂适时防治。

5. 产草量的测定

产草量包括第一次刈割的产量和再生草产量。第一次在抽穗期刈割，以后在植株绝对高度达到40cm时刈割，留茬高度5cm。测产时先去掉小区两侧边行，再将余下的8行留足中间4m，然后割去两头，并移出小区（本部分不计入产量），将余下部分（9.6m²）刈割测产，按实际面积计算产量。个别小区如有缺苗等特殊情况，其测产面积应至少为4m²。要求用感量0.1kg的秤称重，记载数据时须保留2位小数。产草量测定结果记入规定表格。

6.取样

（1）干重　每次刈割测产后，从每小区随机取3～5把草样，将4个重复的草样混合均匀，取约1 000g的样品，剪成3～4cm长，编号称重。然后，在干燥气候条件下，用布袋或尼龙纱袋装好，挂置于通风遮雨处晾干至两次称重之差不超过2.5g；在潮湿气候条件下，置于烘箱中，60～65℃烘干12h，取出放置室内冷却回潮24h后称重，然后再放入烘箱60～65℃烘干8h，取出放置室内冷却回潮24h后称重，直至两次称重之差不超过2.5g为止。计算各参试品种（系）的干草产量和干鲜比，测定结果记入规定表格。

（2）品质　只在国家草品种区域试验站（北京）取样，农业农村部全国草业产品质量监督检验测试中心负责检测。将当年第一茬测完干重后的草样保留，作为品质测定样品。

7.观测记载项目

按要求进行田间观察，并记载当日所做的田间工作，整理填写入表。

8.数据整理

各承试单位负责对其试验点内的数据进行统计分析，并用新复极差法对干草产量进行多重比较。

9.总结报告

各承试单位于每年11月10日之前将填写完整的原始数据调查表及试验总结报告上交至省级草原技术推广部门，省级草原技术推广部门于11月20日之前将汇总结果（包括纸质及电子版）上交至全国畜牧总站。

10.试验报废

各承试单位有下列情形之一的，该点区域试验进行全部或部分报废处理：

因不可抗拒因素（如自然灾害等）造成试验不能正常进行；

同品种缺苗率超过15%的小区有2个或2个以上；

同一试验组中，有较多参试品种的产量变异系数超过20%；

其他严重影响试验科学性情况的。

试验期间，因以上原因造成试验报废的，承试单位应及时通过省级草原技术推广部门向全国畜牧总站提供详细的书面报告。

（四）高粱-苏丹草杂交种品种区域试验技术方案（2016年度）

1.试验目的

客观、公正、科学地评价高粱-苏丹草杂交种参试品种的丰产性、适应性和营养价值，为新草品种审定和推广应用提供科学依据。

2.试验安排

（1）试验点　安排北京双桥、河南郑州、新疆乌苏、湖南邵阳、江西南昌、江苏南京、重庆南川、辽宁沈阳、山西榆次等9个试验点。

（2）参试品种　编号为2016HB10101、2016HB10102、2016HB10103、2016HB10104、2016HB10105、2016HB10106、2016HB10107，共7个品种。

3.试验设置

（1）试验地选择　试验地应尽可能代表所在试验区的气候、土壤和栽培条件等。选择地势平整、土壤肥力中等且均匀、前茬作物一致、杂草少、无严重土传病害、具有良好排灌条件（雨季无积水）、四周无高大建筑物或树木影响的地块。

（2）试验设计

试验周期：2016年起，试验不少于2个完整的生产周期。

小区面积：28.8m²（长6m×宽4.8m）。

小区布置：采用随机区组设计，4次重复，同一区组应放在同一地块，整个试验地四周设1m保护行。

4.播种和田间管理

（1）一般原则　进行田间操作时，同一项技术措施应在同一天完成。同项技术措施无法在同一天完成时，同一区组的该项措施必须在同一天完成。

（2）试验地准备　播前应对试验地的土质和肥力状况进行调查分析。种床要求精耕细作。

（3）播种期　地温稳定在10℃以上播种，北方地区一般在4—5月，南方地区在3—4月播种。

（4）播种方法　条播，行距30cm，每小区播种16行，播种深度2～3cm，在此范围内沙性土壤的播种深度稍深，黏性土壤的播种深度稍浅。

（5）播种量　每小区86g（每亩2kg，种子用价>80%）。

（6）田间管理　管理水平略高于当地大田生产水平，及时防除杂草、施肥、排灌并防治病虫害，以满足参试品种正常生长发育的水肥需要。

查苗补缺：尽可能一次播种保全苗，若出现明显的缺苗，应尽快补播或移栽补苗。

杂草防除：可人工除草或选用适当的除草剂，以保证参试品种的正常生长，尤其要注意苗期应及时除杂草。

施肥：根据试验地土壤肥力状况，可适当施用底肥、追肥，满足参试草种中等偏上的需肥要求。结合整地施足有机肥，施腐熟的厩肥20 000 ～ 30 000kg/hm²，或者施用45%复混肥 [m（N）：m（P）：m（K）= 15：15：15] 400 ～ 600kg/hm²（根据刈割次数多少、田间生长天数长短确定）。每次刈割后追施225kg/hm²的尿素。

水分管理：根据天气和土壤水分含量，适时适量浇水，浇水原则为少浇深浇，保证每小区得到均匀灌溉。遇雨水过量应及时排涝。

病虫害防治：生长期间根据田间虫害和病害的发生情况，选择低毒高效的药剂适时防治。

5. 产草量测定

产草量包括第一次刈割的产量和再生草产量。当参试品种生育期差异不大时，生育期居中品种进入抽穗期（即目测每小区有50%以上植株的穗全部抽出）时，全部品种同时刈割测产。当参试品种生育期差异较大时，3 ～ 4个品种达到抽穗期时，全部刈割测产。如参试品种株高超过2m，或者生长天数达70d时仍未进入抽穗期，应及时进行刈割测产。刈割留茬高度10cm。测产时先去掉小区两侧边行，再将余下的14行留足中间5m，然后去掉两头，实测所留21m²的鲜草产量。要求用感量0.1kg的秤称重，记载数据时须保留两位小数。产草量测定结果记入规定表格。

6. 取样

（1）干重 每次刈割测产后，从每小区随机取3 ～ 5把草样，将4个重复的草样混合均匀，取约1 000g的样品，剪成3 ～ 4cm长，编号称重。将称取鲜重后的样品置于烘箱中，60 ～ 65℃烘干12h，取出放置室内冷却回潮24h后称重，然后再放入烘箱60 ～ 65℃烘干8h，取出放置室内冷却回潮24h后称重，直至两次称重之差不超过2.5g为止。计算各参试品种的干重和干鲜比，测定结果记入规定表格。

（2）营养价值 只在国家草品种区域试验站（北京）取样，农业农村部全国草业产品质量监督检验测试中心负责检测。本试验组需重点测定参试品种在抽穗期的酸性洗涤木质素（ADL）含量。在每个生产周期第一次刈割测产时，从每小区取有代表性的植株5株，切碎后混合均匀，采用四分法，随机取约300g鲜样，置于105℃的烘箱中杀青1h。将杀青后的样品放入烘箱60 ～ 65℃烘干12h，取出放置室内冷却回潮24h后称重，然后再放入烘箱60 ～ 65℃烘干8h，取出放置室内冷却回潮24h后称重，直至两次称重之差不超过2.5g为止。每个小区均需获取1份样品，即每个参试品种获取4份样品。同一品种不同小区的样品要有唯一编号。安排取样的试验点无法获得营养价值测定样品时，应及时通知全国畜牧总站。

7. 观测记载项目

按要求进行田间观察，并记载当日所做的田间工作，整理填写入表。

8. 数据分析

（1）产草量变异系数的计算 计算参试品种的全年累计产草量变异系数（CV），记入规定表格。CV超过20%的，要进行原因分析，并记录在表格下方。计算变异系数、同品种不同重复的产草量数据标准差、同品种不同重复的产草量数据平均数。

（2）区组间产草量的差异分析　对比不同区组间的全年累计产草量数据，波动较大的，要进行原因分析，并记录在表格下方。

9.总结报告

各试验点于每年11月20日之前将全部试验数据和填写完整的材料提交省级项目组织单位审核，项目组织单位于11月30日之前将以上材料（纸质及电子版）提交至全国畜牧总站。

10.试验报废

有下列情形之一的，该试验组进行全部或部分报废处理：

因不可抗拒因素（如自然灾害等）造成试验不能正常进行；

同品种缺苗率超过15%的小区有2个或2个以上；

同一试验组中，有较多参试品种的产草量变异系数超过20%；

其他严重影响试验科学性情况的。

试验期间，因以上原因造成试验报废的，试验点应及时通过省级项目组织单位向全国畜牧总站提供详细的书面报告。

（五）燕麦品种区域试验技术方案（2017年度）

1.试验目的

客观、公正、科学地评价燕麦参试品种的丰产性、适应性和营养价值，为新草品种审定和推广应用提供科学依据。

2.试验安排

燕麦参试品种被分为2个试验组，试验组编号分别为2017HB109、2017HB131。试验组2017HB109包括01～03号，共3个品种，安排在四川新津、西昌及云南小哨、贵州贵阳、重庆南川、湖北武汉等6个试验点。试验组2017HB131包括01～03号，共3个品种，安排在新疆伊犁、青海同德、甘肃合作、内蒙古多伦、黑龙江齐齐哈尔、北京、河南郑州等7个试验点。

3.试验设置

（1）试验地选择　试验地应尽可能代表所在试验区的气候、土壤和栽培条件等。选择地势平整、土壤肥力中等且均匀、前茬作物一致、杂草少、无严重土传病害、具有良好排灌条件（雨季无积水）、四周无高大建筑物或树木影响的地块。

（2）试验设计

试验周期：试验不少于2个生产周期。

小区面积：15m²（长5m×宽3m）。

小区布置：采用随机区组设计，4次重复，同一区组应放在同一地块，整个试验地四周设 1m 保护行。

4. 播种和田间管理

（1）一般原则　进行田间操作时，同一项技术措施应在同一天完成。同项技术措施无法在同一天完成时，同一区组的该项措施必须在同一天完成。

（2）试验地准备　播前应对试验地的土质和肥力状况进行调查分析。种床要求精耕细作。

（3）播种期　2017HB109 试验组于秋季播种。2017HB131 试验组于春季播种。

（4）播种方法　条播，行距 30cm，每小区播种 10 行，播种深度 3 ~ 5cm，在此范围内沙性土壤的播种深度稍深，黏性土壤的播种深度稍浅。

（5）播种量　每小区 225g（每亩 10kg，种子用价＞80%）。

（6）田间管理　管理水平略高于当地大田生产水平，及时防除杂草、施肥、排灌并防治病虫害，以满足参试品种正常生长发育的水肥需要。

查苗补缺：尽可能一次播种保全苗，若出现明显的缺苗，应尽快补播或移栽补苗。

杂草防除：可人工除草或选用适当的除草剂，以保证参试品种的正常生长，尤其要注意苗期应及时除杂草。建议使用人工除草。

施肥：根据试验地土壤肥力状况，可适当施用底肥、追肥，满足参试草种中等偏上的需肥要求。氮肥推荐用量为分蘖期和返青后，每小区追施 160g 的尿素（含氮 46%）；磷肥全部用作种肥，每小区施重过磷酸钙 390g（含 P_2O_5 46%）；根据土壤条件和植物生长状况，确定是否需要追施钾肥。

水分管理：根据天气和土壤水分含量，适时适量浇水，浇水原则为少浇深浇，保证每个小区得到均匀灌溉。遇雨水过量应及时排涝。

病虫害防治：生长期间根据田间虫害和病害的发生情况，选择低毒高效的药剂适时防治。

5. 产草量测定

只在乳熟期刈割测产一次。如果参试品种生育期差异较大，不同参试品种可不在同一天刈割测产，先达到刈割标准的品种先行刈割测产。如个别品种出现严重倒伏现象，所有参试品种立即同时刈割测产。留茬尽可能低。测产时先去掉小区两侧边行，再将余下的 8 行留中间 4m，然后去掉两头，实测所留 9.6m² 的鲜草产量。

如个别小区因家畜采食、农机碾压等非品种自身特性的特殊原因缺苗，应按实际有苗面积计产，但该小区的测产面积不得少于 4m²。如因适应性不好等品种自身原因缺苗，应按照 9.6m² 面积计产。要求用感量 0.1kg 的秤称重，记载数据时须保留 2 位小数。产草量测定结果记入规定表格。

6. 取样

（1）干重　刈割测产后，从每小区随机取 3 ~ 5 把草样，将 4 个重复的草样混合均匀，取约 1 000g 的样品，剪成 3 ~ 4cm 长，编号称重。将称取鲜重后的样品置于烘箱中，

60～65℃烘干12h，取出放置室内冷却回潮24h后称重，然后再放入烘箱60～65℃烘干8h，取出放置室内冷却回潮24h后称重，直至两次称重之差不超过2.5g为止。计算各参试品种的干重和干鲜比，测定结果记入规定表格。

（2）营养价值　只在国家草品种区域试验站（新津）取样，农业农村部全国草业产品质量监督检验测试中心负责检测。将第一个生产周期刈割测产后的干草样保留，作为营养价值测定样品。安排取样的试验点无法获得营养价值测定样品时，应及时通知全国畜牧总站。

7. 观测记载项目

按要求进行田间观察，并记载当日所做的田间工作，整理填写入表。

8. 数据分析

（1）产草量变异系数的计算　计算参试品种的全年累计产草量变异系数（CV），记入规定表格。CV超过20%的，要进行原因分析，并记录在表格下方。计算变异系数、同品种不同重复的产草量数据标准差、同品种不同重复的产草量数据平均数。

（2）区组间产草量的差异分析　对比不同区组间的全年累计产草量数据，波动较大的，要进行原因分析，并记录在表格下方。

9. 总结报告

各试验点于每年11月20日之前将全部试验数据和填写完整的材料提交省级项目组织单位审核，项目组织单位于11月30日之前将以上材料（纸质及电子版）提交至全国畜牧总站。

10. 试验报废

有下列情形之一的，该试验组进行全部或部分报废处理：

因不可抗拒因素（如自然灾害等）造成试验不能正常进行；

同品种缺苗率超过15%的小区有2个或2个以上；

同一试验组中，有较多参试品种的产草量变异系数超过20%；

其他严重影响试验科学性情况的。

试验期间，因以上原因造成试验报废的，试验点应及时通过省级项目组织单位向全国畜牧总站提供详细的书面报告。

（六）苏丹草品种区域试验技术方案（2019年度）

1. 试验目的

客观、公正、科学评价参试品种的丰产性、适应性和营养价值，为新草品种审定和推广应用提供科学依据。

2. 试验安排

（1）试验点　安排河北衡水、山西榆次、四川达州、重庆南川、湖北武汉、江西南昌等6个试验点。

（2）参试品种　编号为2019HB12001、2019HB12002、2019HB12003和2019HB12004，共4个品种。

3.试验设置

（1）试验地选择　试验地应尽可能代表所在试验区的气候、土壤和栽培条件等。选择地势平整、土壤肥力中等且均匀、前茬作物一致、杂草少、无严重土传病害、具有良好排灌条件（雨季无积水）、四周无高大建筑物或树木影响的地块。

（2）试验设计

试验周期：2019年春季起，试验不少于2个完整的生产周期。

小区面积：28.8m²（长6m×宽4.8m）。

小区布置：采用随机区组设计，4次重复，同一区组应放在同一地块，整个试验地四周设1m保护行。

4.播种和田间管理

（1）一般原则　田间操作时，同一项技术措施应在同一天完成。同项技术措施无法在同一天完成时，同一区组的该项措施必须在同一天完成。

（2）试验地准备　播前应对试验地的土质和肥力状况进行调查分析。种床要求精耕细作。

（3）播种期　地温稳定在10℃以上播种，北方地区一般在4—5月，南方地区在3—4月播种。

（4）播种方法　条播，行距30cm，每小区播种16行，播种深度2～3cm，在此范围内沙性土壤的播种深度稍深，黏性土壤的播种深度稍浅。

（5）播种量　每小区86g（每亩2kg，种子用价>80%）。该试验组为一年生，各年度实际播种量由全国畜牧总站根据实际种子用价计算后通知各试验点。如临近最佳播种时间仍未收到相关通知，应主动联系全国畜牧总站询问实际播种量，不得擅自播种。

（6）田间管理　管理水平略高于当地大田生产水平，及时防除杂草、施肥、排灌并防治病虫害，以满足参试品种正常生长发育的水肥需要。

查苗补缺：尽可能一次播种保全苗，若出现明显的缺苗，应尽快补播或移栽补苗。

杂草防除：可人工除草或选用适当的除草剂，以保证参试品种的正常生长，尤其要注意苗期应及时除杂草。

施肥：根据试验地土壤肥力状况，可适当施用底肥、追肥，以满足参试草种中等偏上的需肥要求。结合整地施足有机肥，施腐熟的厩肥20 000～30 000kg/hm²，或者施用45%复混肥 [m（N）：m（P）：m（K）= 15：15：15] 400～600kg/hm²（根据刈割次数多少、田间生长天数长短确定）。每次刈割后追施225kg/hm²的尿素。

水分管理：根据天气和土壤水分含量，适时适量浇水，浇水原则为少浇深浇，保证每个小区得到均匀灌溉。遇雨水过量应及时排涝。

病虫害防治：生长期间根据田间虫害和病害的发生情况，选择低毒高效的药剂适时防治。

5.产草量测定

产草量包括第一次刈割的产量和再生草产量。当参试品种生育期差异不大时，生育期居中品种进入抽穗期（即目测每小区有50%以上植株的穗全部抽出）时，全部品种同时刈割测产。当参试品种生育期差异较大时，有2个品种达到抽穗期时全部刈割测产。如参试品种株高超过2m，或者生长天数达70d时仍未进入抽穗期，应及时进行刈割测产。刈割留茬高度10cm。测产时先去掉小区两侧边行，再将余下的14行留足中间5m，然后去掉两头，实测所留21m^{2}的鲜草产量。如因抗寒、抗旱、耐热等品种自身适应性不好原因缺苗，应按照21m^{2}面积计产，不应刨除缺苗面积计产。要求用感量0.1kg的秤称重，记载数据时须保留2位小数。产草量测定结果记入规定表格。

6.取样

（1）干重　每次刈割测产后，从每小区随机取3～5把草样，将4个重复的草样混合均匀，取约1 000g的样品，剪成3～4cm长，编号称重。将称取鲜重后的样品置于烘箱中，60～65℃烘干12h，取出放置室内冷却回潮24h后称重，然后再放入烘箱60～65℃烘干8h，取出放置室内冷却回潮24h后称重，直至两次称重之差不超过2.5g为止。计算各参试品种的干重和干鲜比，测定结果记入规定表格。

（2）营养价值　只在国家草品种区域试验站（衡水）取样，农业农村部全国草业产品质量监督检验测试中心负责检测。将第一个生产周期第一茬测完干重后的草样保留，作为营养价值测定样品，送样量不得少于500g。样品需标明取样日期、取样试验点名称、样品质量、草种名称、草种编号、送样人及联系方式等信息。安排取样的试验点无法获得营养价值测定样品时，应及时通知全国畜牧总站。

7.观测记载项目

按要求进行田间观察，并记载当日所做的田间工作，整理填写入表。拍摄播种、出苗、生长期、测产情况照片，包括试验组全景和每个小区的整体照片。整个试验期间，如发现病虫害或其他异常情况需拍摄近距离特写。照片按拍摄时间归档，并为每组照片加注拍摄时间、位置和简要情况说明。

8.数据分析

（1）产草量变异系数的计算　计算参试品种的全年累计产草量变异系数（CV），记入规定表格。CV超过20%的，要进行原因分析，并记录在表格下方。计算变异系数、同品种不同重复的产草量数据标准差、同品种不同重复的产草量数据平均数。

（2）区组间产草量的差异分析　对比不同区组间的全年累计产草量数据，波动较大的，要进行原因分析，并记录在表格下方。

9.总结报告

各试验点于每年12月10日之前将全部试验数据和填写完整的材料提交省级项目组织单位审核，项目组织单位于12月20日之前将以上材料（纸质及电子版）提交至全国畜牧总站。遇特殊情况可延至12月31日前提交以上材料，但须说明原因及最后报送时间点。

10.试验报废

有下列情形之一的，该试验组进行全部或部分报废处理：

因不可抗拒因素（如自然灾害等）造成试验不能正常进行；

同品种缺苗率超过15%的小区有2个或2个以上；

同一试验组中，有较多参试品种的产草量变异系数超过20%；

其他严重影响试验科学性情况的。

试验期间，因以上原因造成试验报废的，试验点应及时通过省级项目组织单位向全国畜牧总站提供详细的书面报告。

（七）黑麦品种区域试验技术方案（2020年度）

1.试验目的

客观、公正、科学地评价黑麦参试品种的丰产性、适应性和营养价值，为新草品种审定和推广应用提供科学依据。

2.试验安排

（1）试验点　安排江西南昌、贵州贵阳、湖北武汉、重庆南川等4个试验点。

（2）参试品种　编号为2020HB13901、2020HB13902和2020HB13903，共3个品种。

3.试验设置

（1）试验地选择　试验地应尽可能代表所在试验区的气候、土壤和栽培条件等。选择地势平整、土壤肥力中等且均匀、前茬作物一致、杂草少、无严重土传病害、具有良好排灌条件（雨季无积水）、四周无高大建筑物或树木影响的地块。

（2）试验设计

试验周期：2020年起，试验不少于2个生产周期。

小区面积：$15m^2$（长5m×宽3m）。

小区布置：采用随机区组设计，4次重复，同一区组应放在同一地块，整个试验地四周设1m保护行。

4.播种和田间管理

（1）一般原则　进行田间操作时，同一项技术措施应在同一天完成。同项技术措施无法在同一天完成时，同一区组的该项措施必须在同一天完成。

（2）试验地准备　播前应对试验地的土质和肥力状况进行调查分析。种床要求精耕细作。

（3）播种期　秋季播种，播种时间与当地冬小麦同期或秋季作物收获后及时播种，一般在9月末至10月初播种。

（4）播种方法　条播，行距20cm，每小区15行，播种深度3～4cm，播后覆土。

（5）播种量　理论播种量为每小区9750粒，即每行650粒（每亩43万基本苗，种子用价＝100%）。该试验组为一年生，各年度实际播种量由全国畜牧总站根据实际种子用价计算后通知各试验点。如临近最佳播种时间仍未收到相关通知，应主动联系全国畜牧总站询问实际播种量，不得擅自播种。

（6）田间管理　管理水平略高于当地大田生产水平，及时防除杂草、施肥、排灌并防治病虫害，以满足参试品种正常生长发育的水肥需要。

查苗补缺：尽可能一次播种保全苗，若出现明显的缺苗，应尽快补播或移栽补苗。

杂草防除：可人工除草或选用适当的除草剂，以保证参试品种的正常生长，尤其要注意苗期应及时除杂草。优先选用人工除草方式。

施肥：根据试验地土壤肥力状况，可适当施用底肥、追肥，满足参试草种中等偏上的需肥要求。建议，播种前，每个小区施磷酸二铵930g作为基肥，耙地后播种；返青后和拔节期，每小区追施尿素320g。无灌溉条件的，应在下雨前撒施，有灌溉条件的，应在灌水前撒施，预防烧苗。

水分管理：根据天气和土壤水分含量，适时适量浇水，浇水原则为少浇深浇，保证每个小区得到均匀灌溉。遇雨水过量应及时排涝。

病虫害防治：生长期间根据田间虫害和病害的发生情况，选择低毒高效的药剂适时防治。

5.产草量测定

一般在乳熟期刈割测产。如第一茬草刈割后的再生草可再次达到开花期（或抽穗期），应进行第二次刈割测产。两次刈割的草产量之和，为该品种的草产量。不同参试品种生育期差异较大、无法同一天测产时，先达到刈割标准的品种先行刈割测产。测产时先去掉小区两侧边行，再将余下的13行留中间4m，然后去掉两头，实测所留10.4m²的鲜草产量。如个别小区因家畜采食、农机碾压等非品种自身特性的特殊原因造成缺苗，应按实际测产面积计算产量，但该小区的测产面积不得少于4m²。要求用感量0.1kg的秤称重，记载数据时须保留2位小数。产草量测定结果记入规定表格。

参试品种出现倒伏时，应在刈割测产当日目测估算该品种在每个小区的倒伏率，即倒伏植株数占小区内全部植株总数的比例。倒伏情况不设单独表格来记录，记入禾本科牧草田间观测表"备注"一栏，并留存影像资料。出现倒伏后，如未影响植株正常生长，应等到生育期到达刈割标准时再进行测产；倒伏严重影响植株正常生长时，应及时联系全国畜牧总站确定处理方案。

6.取样

（1）干重　刈割测产后，从每小区随机取3～5把草样，将4个重复的草样混合均匀，取约1 000g的样品，剪成3～4cm长，编号称重。将称取鲜重后的样品置于烘箱中，65～70℃烘干8h，取出放置室内冷却回潮24h后称重，然后再放入烘箱60～65℃烘干8h，取出放置室内冷却回潮24h后称重，直至两次称重之差不超过2.5g为止。计算各参试品种的干重和干鲜比，测定结果记入规定表格。

（2）营养价值　只在国家草品种区域试验站（南昌）取样，农业农村部全国草业产品质量监督检验测试中心负责检测。将第一个生产周期第一茬测完干重后的草样保留，作为营养价值测定样品，送样量不得少于500g。样品需标明取样日期、取样试验点名称、样品质量、草种名称、草种编号、送样人及联系方式等信息。安排取样的试验点无法获得营养价值测定样品时，应及时通知全国畜牧总站。

7. 观测记载项目

按要求进行田间观察，并记载当日所做的田间工作，整理填写入表。重点观察参试品种锈病发病情况，记入表格，留存影像资料。

8. 数据分析

（1）产草量变异系数的计算　计算参试品种的全年累计产草量变异系数（CV），记入规定表格。CV超过20%的，要进行原因分析，并记录在表格下方。计算变异系数、同品种不同重复的产草量数据标准差、同品种不同重复的产草量数据平均数。

（2）区组间产草量的差异分析　对比不同区组间的全年累计产草量数据，波动较大的，要进行原因分析，并记录在表格下方。

9. 总结报告

各试验点于每年12月10日之前将全部试验数据和填写完整的材料提交省级项目组织单位审核，项目组织单位于12月20日之前将以上材料（纸质及电子版）提交至全国畜牧总站。遇特殊情况可延至12月31日前提交以上材料，但须说明原因及最后报送时间。

10. 试验报废

有下列情形之一的，该试验组进行全部或部分报废处理：

因不可抗拒因素（如自然灾害等）造成试验不能正常进行；

同品种缺苗率超过15%的小区有2个或2个以上；

同一试验组中，有较多参试品种的产草量变异系数超过20%；

其他严重影响试验科学性情况的。

试验期间，因以上原因造成试验报废的，试验点应及时通过省级项目组织单位向全国畜牧总站提供详细的书面报告。

（八）大匀草品种区域试验技术方案（2021年度）

1. 试验目的

为客观、公正、科学地评价大匀草参试品种的丰产性、适应性，为新草品种审定和推广提供科学依据。

2. 试验安排

（1）试验点　安排四川新津和达州、新疆三坪和重庆共4个试验点。

（2）参试品种（系）　编号为2021HB10801、2021HB10802和2021HB10803，共3个品种。

3. 试验设置

（1）试验地选择　试验地应尽可能代表所在试验区的气候、土壤和栽培条件等。选择地势平整、土壤肥力中等且均匀、前茬作物一致、无严重土传病害、具有良好排灌条件（雨季无积水）、四周无高大建筑物或树木影响的地块。

（2）试验设计

试验周期：不少于2个完整的生产周期。

小区面积：26.88m^2（长5.6m×宽4.8m）。

小区布置：采用随机区组设计，4次重复，同一区组应放在同一地块，整个试验地四周设1m保护行。

4. 播种和田间管理

（1）一般原则　田间操作时，同一项技术措施应在同一天完成。如果同项技术措施无法在同一天完成时，同一区组的该项措施必须在同一天完成。

（2）试验地准备　播种前应对试验地的土质和肥力状况进行调查分析。种床要求精耕细作。

（3）播种期　根据品种特性和当地气候及生产习惯适时播种。一般要求地温稳定在12℃以上播种。南方试验点的播种时间一般在3月中下旬，4月之前所有试验点全部完成播种。北方试验点可根据当年实际温度情况予以适当调整。

（4）播种方法　穴播，行距40cm，株距80cm。每小区播种12行，两头各留出20cm。每行播种7株，两头各留出40cm。每小区共84株。播深3cm，沙性土壤的播种可稍深，黏性土壤的可稍浅。

（5）播种量　2021HB10802和2021HB10803的种子在播种前需翻晒2～4h，然后在25～30℃温水中浸种8～10h。每窝3～5粒种子（确保1苗，不足时要及时补苗）。

（6）田间管理　田间管理水平略高于当地大田生产水平，及时查苗补种或补苗、防除杂草、施肥、排灌并防治病虫害（抗病虫性鉴定的除外），以满足参试品种正常生长发育的水肥需要。建植后注意及时补充磷、钾肥。

查苗补缺：尽可能一次播种保全苗，如出现明显的缺苗，应尽快补种、补苗。因此，播种后要预留一些种源。

杂草防除：试验材料在苗期生长缓慢，前期与杂草竞争较弱，要及时进行人工除草（或选用适当的除草剂除草）以保证试验材料的正常生长，幼苗期的杂草防除十分重要。

施肥：应根据试验地土壤肥力状况，施足底肥，在分蘖期和拔节期及时追肥，满足参试品种（系）中等偏上的需肥要求。在有条件的地方，可每亩施用1 000kg有机肥作为底肥，一般中等肥力的土壤，施磷酸二铵15 ～ 20kg作种肥。在每次刈割前3 ～ 5d，每亩施尿素15 ～ 20 kg，以加快植株生长速度。刈割前施肥比刈割后施肥更能促进早再生，且避免肥料淋在茬口上，造成植株腐烂、死亡。

水分管理：播种后要浇透定根水，水分充足，以保证发芽。出苗后根据天气情况和土壤水分含量，适时适量浇水，浇水原则为少浇深浇，并保证每个小区得到均匀灌溉，遇雨水过量应及时排涝。

病虫害防治：生长期间根据田间虫害和病害的发生情况，选择高效低毒的药剂适时防治。

5.产草量测定

全年刈割一次，于抽雄始期刈割，不同参试品种（系）生育期不同，先到达刈割时期的品种（系）先行刈割，留茬高度尽可能低。测产时先去掉小区两侧边行和小区两头植株，余下面积16m²作为计产面积。用感量0.1 kg的电子秤称量鲜草重量，小区测产以千克为称量单位，产量数据保留2位小数。测量结果记入规定表格。

6.取样

（1）干重 每次刈割测产后，从每小区随机取3 ～ 5把草样，将4个重复的草样混合均匀，取约1 000g的样品，剪成3 ～ 4cm长，编号称重。将称取鲜重后的样品置于烘箱中，60 ～ 65℃烘干12h，取出放置室内冷却回潮24h后称重，然后再放入烘箱60 ～ 65℃烘干8h，取出放置室内冷却回潮24h后称重，直至两次称重之差不超过2.5g为止。计算各参试品种的干重和干鲜比，测定结果记入规定表格。

（2）茎叶比的测定 刈割测产时，从每小区随机选取一丛单株，将同一品种4次重复的草样均匀混合后，把茎（含叶鞘）和叶（含穗）分开，按照干鲜比测定的要求，烘干后称重，求百分比。

7.观测记载项目

按要求进行田间观察，并记录当日所做的田间工作，整理填写入表。

8.数据分析

（1）产草量变异系数的计算 计算参试品种的全年累计产草量变异系数（CV），记入规定表格。CV超过20%的，要进行原因分析，并记录在表格下方。计算变异系数、同品种不同重复的产草量数据标准差、同品种不同重复的产草量数据平均数。

（2）区组间产草量的差异分析 对比不同区组间的全年累计产草量数据，波动较大的，要进行原因分析，并记录在表格下方。

9.总结报告

各承试单位于每年12月10日之前将填写完整的原始数据调查表及试验总结报告上交至全国畜牧总站。

10.试验报废

有下列情形之一的，该试验组进行全部或部分报废处理：

因不可抗拒因素（如自然灾害等）造成试验不能正常进行；

同品种缺苗率超过15%的小区有2个或2个以上；

同一试验组中，有较多参试品种的产草量变异系数超过20%；

其他严重影响试验科学性情况的。

试验期间，因以上原因造成试验报废的，试验点应及时向全国畜牧总站提供详细的书面报告。

（九）谷稗品种区域试验技术方案（2011年度）

1.试验目的

客观、公正、科学地评价谷稗参试品种（系）的产量、适应性和品质特性等综合性状，为国家草品种审定和推广提供科学依据。

2.试验安排及参试品种

（1）试验区域及试验点　华北、东北、华东、西南等地区，共安排5个试验点。

（2）参试品种（系）　公农谷稗、宁夏无芒稗。

3.试验设置

（1）试验地的选择　试验地应尽可能代表所在试验区的气候、土壤和栽培条件等。选择地势平整、土壤肥力中等且均匀、前茬作物一致、无严重土传病害、四周无高大建筑物或树木影响的地块。为保证试验土壤肥力的均匀性，翌年试验不能重茬，须更换试验地块。

（2）试验设计　参试的2个品种设为1个试验组。

试验周期：2011年起，试验不少于2个生产周期。

小区面积：28.8m^2（长6m×宽4.8m）。

小区设置：采用随机区组设计，4次重复，同一区组应放在同一地块，试验地四周设1m保护行。

4.播种和田间管理

（1）一般原则　进行田间操作时，同一项技术措施应在同一天完成。同项技术措施无法在同一天完成时，则同一区组的该项措施必须在同一天完成。

（2）试验地准备　播种前应对试验地的土质和肥力状况进行调查分析。种床要求精耕细作。

（3）播种期　地温稳定在10℃以上播种。北方地区一般在4—5月，南方地区在3—4月播种。

（4）播种方法　条播，行距30cm，每小区播种16行，播种深度2～3cm，播后镇压。

（5）播种量　每小区65g（每亩1.5kg，种子用价＞80%）。

（6）田间管理　管理水平略高于当地大田生产水平，及时查苗补缺、防除杂草、施肥、排灌并防治病虫害（抗病虫性鉴定的除外），以满足参试品种（系）正常生长发育的

水肥需要。

查苗补缺：尽可能一次播种保全苗，若出现明显的缺苗，应尽快补播。

杂草防除：可选用适当的除草剂或人工除草，以保证试验材料的正常生长。

施肥：根据试验地土壤肥力状况，可适当施用底肥、追肥，满足参试草种中等偏上的需肥要求。氮肥推荐用法用量为拔节期及每次刈割后每小区追施300g的尿素；磷肥全部作基肥用，每小区施重过磷酸钙780g；根据土壤条件和植物生长状况，确定是否需要追施钾肥。

水分管理：根据天气和土壤水分含量，适时适量浇水，浇水原则为少浇深浇，保证每个小区得到均匀灌溉。遇雨水过量应及时排涝。

病虫害防治：以防为主，生长期间根据田间虫害和病害的发生情况，选择低毒高效的药剂适时防治。

5. 产草量的测定

产草量包括第一次刈割的产量和再生草产量。抽穗前株高110cm时刈割测产，留茬高度15cm。当参试品种生长期不一致时，只要有一个品种株高达到110cm，即可全部刈割测产。测产时先去掉小区两侧边行，再将余下的14行留中间5m，然后去掉两头，实测所留21m^2的鲜草产量。个别小区如有缺苗等特殊情况，其测产面积应至少为4m^2。要求用感量0.1kg的秤称重，记载数据时须保留2位小数。产草量测定结果记入规定表格。

6. 取样

（1）干重 每次刈割测产后，从每小区随机取2~3株，剪成3~4cm长，将4个重复的草样混合均匀，取约1 000g的样品，编号称重。然后，在干燥气候条件下，用布袋或尼龙纱袋装好，挂置于通风遮雨处晾干至两次称重之差不超过2.5g；在潮湿气候条件下，置于烘箱中，60~65℃烘干12h，取出放置室内冷却回潮24h后称重，然后再放入烘箱60~65℃烘干8h，取出放置室内冷却回潮24h后称重，直至两次称重之差不超过2.5g为止。计算各参试品种（系）的干草产量和干鲜比，测定结果记入规定表格。

（2）品质 只在黑龙江杜尔伯特试验点取样，农业农村部全国草业产品质量监督检验测试中心负责检测。将第一茬测完干重后的草样保留，作为品质测定样品。

7. 观测记载项目

按要求进行田间观察，并记载当日所做的田间工作，整理填写入表。

8. 数据整理

各承试单位负责对其试验点内的数据进行统计分析，并用新复极差法对干草产量进行多重比较。

9. 总结报告

各承试单位于每年11月10日之前将填写完整的原始数据调查表及试验总结报告上交

至省级草原技术推广部门，省级草原技术推广部门于 11 月 20 日之前将汇总结果（包括纸质及电子版）上交至全国畜牧总站。

10.试验报废

各承试单位有下列情形之一的，该点区域试验进行全部或部分报废处理：

因不可抗拒因素（如自然灾害等）造成试验不能正常进行；

同品种缺苗率超过 15% 的小区有 2 个或 2 个以上；

其他严重影响试验科学性情况的。

试验期间，因以上原因造成试验报废的，承试单位应及时通过省级草原技术推广部门向全国畜牧总站提供详细的书面报告。

（十）鹅观草品种区域试验技术方案（2011 年度）

1.试验目的

客观、公正、科学地评价鹅观草参试品种（系）的产量、适应性和品质特性等综合性状，为国家草品种审定和推广提供科学依据。

2.试验安排及参试品种

（1）试验区域及试验点　华中、西南地区，共安排 5 个试验点。

（2）参试品种（系）　都江堰鹅观草、林西直穗鹅观草、赣饲 1 号纤毛鹅观草。

3.试验设置

（1）试验地的选择　试验地应尽可能代表所在试验区的气候、土壤和栽培条件等。选择地势平整、土壤肥力中等且均匀、前茬作物一致、无严重土传病害、具有良好排灌条件（雨季无积水）、四周无高大建筑物或树木影响的地块。

（2）试验设计　参试的 3 个鹅观草品种（系）设为 1 个试验组。

试验周期：2011 年起，试验不少于 3 个生产周期（观测至 2014 年底）。

小区面积：15m^2（长 5m × 宽 3m）。

小区设置：采用随机区组设计，4 次重复，同一区组应放在同一地块，试验地四周设 1m 保护行。

4.播种和田间管理

（1）一般原则　进行田间操作时，同一项技术措施应在同一天完成。同项技术措施无法在同一天完成时，则同一区组的该项措施必须在同一天完成。

（2）试验地准备　播种前应对试验地的土质和肥力状况进行调查分析。种床要求精耕细作。

（3）播种期　9 月中旬至 10 月中旬播种。

（4）播种方法　条播，行距 30cm，每小区 10 行，播种深度 1.5 ~ 2cm，在此范围内沙性土壤的播种深度稍深，黏性土壤的播种深度稍浅。

（5）播种量　每小区38g（每亩1.7kg，种子用价＞80%）。

（6）田间管理　管理水平略高于当地大田生产水平，及时查苗补缺、防除杂草、施肥、排灌并防治病虫害（抗病虫性鉴定的除外），以满足参试品种（系）正常生长发育的水肥需要。

查苗补缺：尽可能一次播种保全苗，若出现明显的缺苗，应尽快补播或移栽补苗。

杂草防除：可选用适当的除草剂或人工除草，以保证试验材料的正常生长。

施肥：根据试验地土壤肥力状况，适当施用底肥、追肥，满足参试草种中等偏上的需肥要求。氮肥推荐用法用量为分蘖期和每次刈割后，每小区追施160g的尿素；磷肥全部用作基肥，每小区施重过磷酸钙260g；根据土壤条件和植物生长状况，确定是否需要追施钾肥。

水分管理：根据天气和土壤水分含量，适时适量浇水，浇水原则为少浇深浇，保证每个小区得到均匀灌溉。遇雨水过量应及时排涝。

病虫害防治：以防为主，生长期间根据田间虫害和病害的发生情况，选择低毒高效的药剂适时防治。

5.产草量的测定

产草量包括第一次刈割的产量和再生草产量。在抽穗期刈割测产，留茬高度5cm，当年最后一茬再生草在初霜前30d刈割。测产时先去掉小区两侧边行，再将余下的8行留中间4m，然后去掉两头，实测所留9.6m²的鲜草产量。个别小区如有缺苗等特殊情况，其测产面积应至少为4m²。要求用感量0.1kg的秤称重，记载数据时须保留2位小数。产草量测定结果记入规定表格。

6.取样

（1）干重　每次刈割测产后，从每小区随机取3～5把草样，将4个重复的草样混合均匀，取约1 000g的样品，剪成3～4cm长，编号称重。然后，在干燥气候条件下，用布袋或尼龙纱袋装好，挂置于通风遮雨处晾干至两次称重之差不超过2.5g；在潮湿气候条件下，置于烘箱中，60～65℃烘干12h，取出放置室内冷却回潮24h后称重，然后再放入烘箱60～65℃烘干8h，取出放置室内冷却回潮24h后称重，直至两次称重之差不超过2.5g为止。计算各参试品种（系）的干草产量和干鲜比，测定结果记入规定表格。

（2）品质　只在国家草品种区域试验站（新津）取样，农业农村部全国草业产品质量监督检验测试中心负责检测。将第一茬测完干重后的草样保留，作为品质测定样品。

7.观测记载项目

按要求进行田间观察，并记载当日所做的田间工作，整理填写入表。

8.数据整理

各承试单位负责对其试验点内的数据进行统计分析，并用新复极差法对干草产量进行多重比较。

9.总结报告

各承试单位于每年11月10日之前将填写完整的原始数据调查表及试验总结报告上交至省级草原技术推广部门，省级草原技术推广部门于11月20日之前将汇总结果（包括纸质及电子版）上交至全国畜牧总站。

10.试验报废

各承试单位有下列情形之一的，该点区域试验进行全部或部分报废处理：

因不可抗拒因素（如自然灾害等）造成试验不能正常进行；

同品种缺苗率超过15%的小区有2个或2个以上；

其他严重影响试验科学性情况的。

试验期间，因以上原因造成试验报废的，承试单位应及时通过省级草原技术推广部门向全国畜牧总站提供详细的书面报告。

（十一）牛鞭草品种区域试验技术方案（2019年度）

1.试验目的

客观、公正、科学地评价牛鞭草参试品种的丰产性、适应性和营养价值，为新草品种审定和推广应用提供科学依据。

2.试验安排

（1）试验点　安排在四川新津、重庆南川、贵州独山、江苏南京、湖北武汉等5个试验点。

（2）参试品种　编号为2019HB13601、2019HB13602、2019HB13603，共3个品种。

3.试验设置

（1）试验地选择　试验地应尽可能代表所在试验区的气候、土壤和栽培条件等。选择地势平整、土壤肥力中等且均匀、前茬作物一致、杂草少、无严重土传病害、具有良好排灌条件（雨季无积水）、四周无高大建筑物或树木影响的地块。

（2）试验设计

试验周期：2019年春季起，试验不少于3个完整的生产周期。

小区面积：15m^2（长5m×宽3m）。

小区布置：采用随机区组设计，4次重复，各小区间至少间隔50cm（因牛鞭草根茎较为发达，应采取人工切断或隔板处理等措施防止根茎在小区间串生）。同一区组应放在同一地块，整个试验地四周设1m保护行。

4.播种和田间管理

（1）一般原则　进行田间操作时，同一项技术措施应在同一天完成。同项技术措施无法在同一天完成时，同一区组的该项措施必须在同一天完成。

（2）试验地准备　播前应对试验地的土质和肥力状况进行调查分析。种床要求精耕细作。翻耕后应灌足底墒水，以保证正常种苗发芽出苗。

（3）播种期　4月下旬至5月中旬播种。如播种当地春季气温回升较早，也可根据实际情况适时提前播种。各试验点提前准备好试验地，以备收到茎节后可及时播种。

（4）播种方法　采用茎节扦插繁殖，行距30cm，每小区播种10行，株距10cm，深10cm，外露1节，播后镇压。

（5）播种量　每小区7.5kg（每亩300kg，成活率=90%）。

（6）田间管理　管理水平略高于当地大田生产水平，及时防除杂草、施肥、排灌并防治病虫害，以满足参试品种正常生长发育的水肥需要。

查苗补缺：尽可能一次播种保全苗，若出现明显的缺苗，应尽快补播或移栽补苗。

杂草防除：可人工除草或选用适当的除草剂，以保证参试品种的正常生长，尤其要注意苗期应及时除杂草。

施肥：根据试验地土壤肥力状况，适当施用底肥以满足参试品种的需肥要求。每小区施磷酸二铵350g，全部用作基肥；在每次刈割后，每小区追施尿素160g；根据土壤条件和植物生长状况，确定是否需要追施钾肥。

水分管理：根据天气和土壤水分含量，适时适量浇水，浇水原则为少浇深浇，保证每个小区得到均匀灌溉。遇雨水过量应及时排涝。

病虫害防治：生长期间根据田间虫害和病害的发生情况，选择低毒高效的药剂适时防治。

5. 产草量测定

产草量包括第一次刈割的产量和再生草产量。在抽穗期刈割测产，留茬高度5cm。如果参试品种生育期差异较大，不同参试品种可不在同一天刈割测产，先达到刈割标准的品种先行刈割测产。当年最后一茬再生草在初霜前30d刈割。全区测产。如个别小区因家畜采食、农机碾压等非品种自身特性的特殊原因缺苗，应按实际测产面积计算产量，但该小区的测产面积不得少于4m^2。要求用感量0.1kg的秤称重，记载数据时须保留2位小数。产草量测定结果记入规定表格。

6. 取样

（1）干重　每次刈割测产后，从每小区随机取3～5把草样，将4个重复的草样混合均匀，取约1 000g的样品，剪成3～4cm长，编号称重。将称取鲜重后的样品置于烘箱中，60～65℃烘干12h，取出放置室内冷却回潮24h后称重，然后再放入烘箱60～65℃烘干8h，取出放置室内冷却回潮24h后称重，直至两次称重之差不超过2.5g为止。计算各参试品种的干重和干鲜比，测定结果记入规定表格。

（2）营养价值　只在国家草品种区域试验站（武汉）取样，农业农村部全国草业产品质量监督检验测试中心负责检测。将第一个完整生产周年第一茬测完干重后的草样保留，作为营养价值测定样品，送样量不得少于500g。样品需标明取样日期、取样试验点名称、样品质量、草种名称、草种编号、送样人及联系方式等信息。安排取样的试验点无法获得营养价值测定样品时，应及时通知全国畜牧总站。

7. 观测记载项目

按要求进行田间观察，并记载当日所做的田间工作，整理填写入表。拍摄播种、出苗、生长期、测产情况照片，包括试验组全景和每个小区的整体照片。整个试验期间，如发现病虫害或其他异常情况需拍摄近距离特写。照片按拍摄时间归档，并为每组照片加注拍摄时间、位置和简要情况说明。

8. 数据分析

（1）产草量变异系数的计算　计算参试品种的全年累计产草量变异系数（CV），记入规定表格。CV超过20%的，要进行原因分析，并记录在表格下方。计算变异系数、同品种不同重复的产草量数据标准差、同品种不同重复的产草量数据平均数。

（2）区组间产草量的差异分析　对比不同区组间的全年累计产草量数据，波动较大的，要进行原因分析，并记录在表格下方。

9. 总结报告

各试验点于每年12月10日之前将全部试验数据和填写完整的材料提交省级项目组织单位审核，项目组织单位于12月20日之前将以上材料（电子版）提交至全国畜牧总站。遇特殊情况可延至12月31日前提交以上材料，但须说明原因及最后报送时间。

10. 试验报废

有下列情形之一的，该试验组进行全部或部分报废处理：

因不可抗拒因素（如自然灾害等）造成试验不能正常进行；

同品种缺苗率超过15%的小区有2个或2个以上；

同一试验组中，有较多参试品种的产草量变异系数超过20%；

其他严重影响试验科学性情况的。

试验期间，因以上原因造成试验报废的，试验点应及时通过省级项目组织单位向全国畜牧总站提供详细的书面报告。

（十二）扁穗雀麦品种区域试验技术方案（2018年度）

1. 试验目的

客观、公正、科学地评价扁穗雀麦参试品种的丰产性、适应性和营养价值，为新草品种审定和推广应用提供科学依据。

2. 试验安排

（1）试验点　安排贵州贵阳、独山，四川新津、西昌，重庆南川，湖北武汉等6个试验点。

（2）参试品种　编号为2018HB10701、2018HB10702和2018HB10703，共3个品种。

3. 试验设置

（1）试验地选择　试验地应尽可能代表所在试验区的气候、土壤和栽培条件等。选择地势平整、土壤肥力中等且均匀、前茬作物一致、杂草少、无严重土传病害、具有良好排灌条件（雨季无积水）、四周无高大建筑物或树木影响的地块。为保证试验土壤肥力的均匀性，翌年试验不能重茬，需更换试验地块。

（2）试验设计

试验周期：2017年秋季起，试验不少于2个生产周期。

小区面积：15m²（长5m×宽3m）。

小区布置：采用随机区组设计，4次重复，同一区组应放在同一地块，整个试验地四周设1m保护行。

4.播种和田间管理

（1）一般原则　进行田间操作时，同一项技术措施应在同一天完成。同项技术措施无法在同一天完成时，同一区组的该项措施必须在同一天完成。

（2）试验地准备　播种前应对试验地的土质和肥力状况进行调查分析。种床要求精耕细作。

（3）播种期　秋季（9月下旬至10月上旬）播种。

（4）播种方法　条播，行距30cm，每小区播种10行，播种深度3～5cm，在此范围内沙性土壤的播种深度稍深，黏性土壤的播种深度稍浅。

（5）播种量　每小区理论播种量67.5g（45 kg/hm²，种子用价＞80%）。该试验组为一年生，各年度实际播种量由全国畜牧总站根据实际种子用价计算后通知各试验点。如临近最佳播种时间仍未收到相关通知，应主动联系全国畜牧总站询问实际播种量，不得擅自播种。

（6）田间管理　田间管理水平略高于当地大田生产水平，及时查苗补种或补苗、防除杂草、施肥、排灌并防治病虫害（抗病虫性鉴定的除外），以满足参试品种正常生长发育的水肥需要。

查苗补缺：尽可能一次播种保全苗，若出现明显的缺苗，应尽快补播或移栽补苗。

杂草防除：可人工除草或选用适当的除草剂，以保证参试品种的正常生长，尤其要注意苗期杂草防除。优先选用人工除草方式。

施肥：根据试验地土壤肥力状况，可适当施用基肥、追肥，满足参试草种中等偏上的需肥要求。播种前，每小区施尿素（含氮46%）150g作基肥；分蘖期和每次刈割后，每小区追施150g尿素。磷肥全部用作种肥，播种时，每小区施重过磷酸钙（含P₂O₅46%）375g于沟内。根据土壤条件和植物生长状况，确定是否需要追施钾肥。

水分管理：根据天气和土壤水分含量，适时适量浇水，保证每个小区得到均匀灌溉。遇雨水过量应及时排涝。播前施用尿素作基肥时，宜配合对小区灌水以保证出苗整齐。

病虫害防治：以防为主，生长期间根据田间虫害和病害的发生情况，选择高效低毒的药剂适时防治。主要防治黑粉病和纹枯病，可在播种时以50%多菌灵可湿性粉剂3g拌种1kg，以及在发病初期施用50%多菌灵可湿性粉剂1 000倍液喷雾。

5.产草量测定

产草量包括第一次刈割的产量和再生草产量。第一次测产在绝对株高50～60cm时进行，以后各茬在绝对株高40～50cm时刈割，留茬高度5cm。测产时先去掉小区两侧边行，再将余下的8行留中间4m，然后割去两头，将余下部分9.6m²刈割测产，并换算成实际面积产量。如个别小区因家畜采食、农机碾压等非品种自身特性的特殊原因缺苗，应按实际测产面积计算产量，但该小区的测产面积不得少于4m²。如因抗寒、抗旱、耐热等品种自身适应性不好原因缺苗，应按照9.6m²面积计产，不应刨除缺苗面积计产。要求用感量0.1kg的秤称重，记载数据时须保留2位小数。产草量测定结果记入规定表格。

6.取样

（1）干重　每次刈割测产后，从每小区随机取3～5把草样，将4个重复的草样混合均匀，取约1 000g的样品，剪成3～4cm长，编号称重。将称取鲜重后的样品置于烘箱中，60～65℃烘干12h，取出放置室内冷却回潮24h后称重，然后再放入烘箱60～65℃烘干8h，取出放置室内冷却回潮24h后称重，直至两次称重之差不超过2.5g为止。计算各参试品种的干重和干鲜比，测定结果记入规定表格。

（2）营养价值　只在国家草品种区域试验站（新津）取样，农业农村部全国草业产品质量监督检验测试中心负责检测。将第一个生产周期第一茬测完干重后的草样保留，作为营养价值测定样品。安排取样的试验点无法获得营养价值测定样品时，应及时通知全国畜牧总站。

7.观测记载项目

按要求进行田间观察，并记载当日所做的田间工作，整理填写入表。

8.数据分析

（1）产草量变异系数的计算　计算参试品种的全年累计产草量变异系数（CV），记入规定表格。CV超过20%的，要进行原因分析，并记录在表格下方。计算变异系数、同品种不同重复的产草量数据标准差、同品种不同重复的产草量数据平均数。

（2）区组间产草量的差异分析　对比不同区组间的全年累计产草量数据，波动较大的，要进行原因分析，并记录在表格下方。

9.总结报告

各试验点于每年12月10日之前将全部试验数据和填写完整的材料提交省级项目组织单位审核，项目组织单位于12月20日之前将以上材料（纸质及电子版）提交至全国畜牧总站。遇特殊情况可延至12月31日前提交以上材料，但须说明原因及最后报送时间。

10.试验报废

有下列情形之一的，该试验组进行全部或部分报废处理：

因不可抗拒因素（如自然灾害等）造成试验不能正常进行；

同品种缺苗率超过15%的小区有2个或2个以上；

同一试验组中，有较多参试品种的产草量变异系数超过20%；

其他严重影响试验科学性情况的。

试验期间，因以上原因造成试验报废的，试验点应及时通过省级项目组织单位向全国畜牧总站提供详细的书面报告。

（十三）多年生薏苡品种区域试验技术方案（2018年度）

1.试验目的

客观、公正、科学地评价多年生薏苡参试品种的丰产性、适应性和营养价值，为新草品种审定和推广提供科学依据。

2.试验安排

（1）试验点　安排四川新津、达州，重庆南川，贵州独山，广西南宁5个试验点。

（2）参试品种　编号为2018HB13201、2018HB13202和2018HB13203，共3个品种。

3.试验设置

（1）试验地选择　试验地应尽可能代表所在试验区的气候、土壤和栽培条件等。选择地势平整、土壤肥力中等且均匀、前茬作物一致、无严重土传病害、具有良好排灌条件（雨季无积水）、四周无高大建筑物或树木影响的地块。

（2）试验设计

试验周期：2018年起，试验不少于3个完整的生产周期。

小区面积：50.4m^2（长8.4m×宽6.0m）。

小区布置：采用随机区组设计，4次重复，同一区组应放在同一地块，整个试验地四周设1m保护行。

4.播种和田间管理

（1）一般原则　进行田间操作时，同一项技术措施应在同一天完成。同项技术措施无法在同一天完成时，同一区组的该项措施必须在同一天完成。

（2）试验地准备　播种前应对试验地的土质和肥力状况进行调查分析。种床要求精耕细作。

（3）播种期　地温稳定在15℃以上播种，一般在3月下旬至4月上旬种植。

（4）播种方法　株距、行距均为1.2m，每小区种植5行，每行种植7株，每小区种植35株。各试验点做好前期土地准备工作后，种苗由申报单位统一运至各试验点。提前按照株距、行距1.2m挖穴，穴尽量大，宽和深度以30cm以上为佳。

（5）田间管理　管理水平略高于当地大田生产水平，及时防除杂草、施肥、排灌并防治病虫害，以满足参试品种正常生长发育的水肥需要。

查苗补缺：尽可能一次播种保全苗，若出现明显缺苗，应采取分蔸方式，将分蘖多的植株原地挖出一部分带土分蘖，补苗。

杂草防除：可人工除草或选用适当的除草剂（最好选择先正达公司生产的耕杰除草剂或其他的玉米苗后除草剂），以保证参试品种的正常生长，尤其要注意苗期应及时除杂草。

施肥：根据试验地土壤肥力状况，可适当施用底肥、追肥，满足参试草种中等偏上的需肥要求。重施底肥，每穴施牛羊粪等有机肥 2～3kg 和复合肥 [m（N）：m（P）：m（K）= 15：15：15 或含量比例大致相等的复合肥] 0.15kg，有条件的试验点最好施用等量的玉米专用缓释肥。移栽前将有机肥、复合肥和土混匀。每次刈割后，每穴追肥尿素 0.1kg。第二年和第三年萌动前，每穴追施复合肥 [m（N）：m（P）：m（K）= 15：15：15 或含量大致相等比例的复合肥] 0.15kg，有条件的试验点最好施用等量的玉米专用缓释肥。每次刈割后，每穴追施尿素 0.1kg。

水分管理：移栽后，确保浇透定根水。以后根据天气和土壤水分状况，适时适量浇水，浇水原则为少浇深浇，保证每个小区得到均匀灌溉。遇雨水过量应及时排涝。

病虫害防治：生长期间根据田间虫害和病害的发生情况，选择高效低毒的药剂适时防治。

返青处理：次年植株开始萌动时，必须用割草机或人工从齐地面处把地上部分茎秆割掉，以减少分蘖数量、促使单个分蘖粗壮，预防倒伏。

5. 产草量测定

产草量包括第一次刈割的产量和再生草产量。株高达 1.0～1.5m 时刈割，刈割时尽可能贴近地面。入冬前最后一次刈割的留茬高度为 10～20cm。测产时去掉各小区两边行和两端植株，仅测定中间 3 行草产量（15 株苗），实测面积 21.6m²。要求用感量 0.1kg 的秤称重，记载数据时须保留 2 位小数。产草量测定结果记入规定表格。

6. 取样

（1）干重　每次刈割测产后，从每小区随机选取有代表性的 3～5 株草样，将 4 个重复的全部草样混合后，编号称取鲜重，然后剪成 3～4cm 长，等待烘干。将称取鲜重后的样品置于烘箱中，60～65℃烘干 12h，取出放置室内冷却回潮 24h 后称重，然后再放入烘箱 60～65℃烘干 8h，取出放置室内冷却回潮 24h 后称重，直至两次称重之差不超过 2.5g 为止。计算各参试品种的干重和干鲜比，测定结果记入规定表格。2018 年，国家草品种区域试验站（新津）需同时测试四分法取样效果，即每次刈割测产后，从每小区随机选取有代表性的 3～5 株草样，快速剪成 3～4cm 长后混合均匀，用四分法分取 1～2kg 样品，编号称取鲜重，随后烘干计算干鲜比。

（2）营养价值　只在国家草品种区域试验站（新津）取样，农业农村部全国草业产品质量监督检验测试中心负责检测。将第一个生产周年第一茬测完干重后的草样保留，作为营养价值测定样品。安排取样的试验点无法获得营养价值测定样品时，应及时通知全国畜牧总站。

7.观测记载项目

按要求进行田间观察，并记载当日所做的田间工作，整理填写入表。

8.数据分析

（1）产草量变异系数的计算　计算参试品种的全年累计产草量变异系数（CV），记入规定表格。CV超过20%的，要进行原因分析，并记录在表格下方。计算变异系数、同品种不同重复的产草量数据标准差、同品种不同重复的产草量数据平均数。

（2）区组间产草量的差异分析　对比不同区组间的全年累计产草量数据，波动较大的，要进行原因分析，并记录在表格下方。

9.总结报告

各试验点于每年12月10日之前将全部试验数据和填写完整的材料提交省级项目组织单位审核，项目组织单位于12月20日之前将以上材料（纸质及电子版）提交至全国畜牧总站。遇特殊情况可延至12月31日前提交以上材料，但须说明原因及最后报送时间。

10.试验报废

有下列情形之一的，该试验组进行全部或部分报废处理：

因不可抗拒因素（如自然灾害等）造成试验不能正常进行；

同品种缺苗率超过15%的小区有2个或2个以上；

同一试验组中，有较多参试品种的产草量变异系数超过20%；

其他严重影响试验科学性情况的。

试验期间，因以上原因造成试验报废的，试验点应及时通过省级项目组织单位向全国畜牧总站提供详细的书面报告。

二、豆科试验组区域试验技术方案

（一）红三叶品种区域试验技术方案（2011年度）

1.试验目的

客观、公正、科学地评价红三叶参试品种的丰产性、适应性和品质特性，为国家草品种审定和推广应用提供科学依据。

2.试验安排及参试品种

（1）试验区域及试验点　在华北、长江流域、西南等地区，共安排6个试验点。

（2）参试品种（系）　鄂牧5号红三叶、巴东红三叶、岷山红三叶。

3.试验设置

（1）试验地的选择　试验地应尽可能代表所在试验区的气候、土壤和栽培条件等。选择地势平整、土壤肥力中等且均匀、前茬作物一致、无严重土传病害发生、具有良好排灌条件（雨季无积水）、四周无高大建筑物或树木影响的地块。

（2）试验设计

试验组：参试的3个红三叶品种（系）设为1个试验组。

试验周期：2011年起，不少于3个生产周期（观测至2014年底）。

小区面积：15m²（长5m×宽3m）。

小区设置：采用随机区组设计，重复4次，同一试验组4个区组应放在同一地块，试验地四周设1m保护行。

4. 播种和田间管理

（1）一般原则　进行田间操作时，同一项技术措施应在同一天完成。同项技术措施无法在同一天完成时，同一区组的该项措施必须在同一天完成。

（2）试验地准备　播种前应对试验地的土质和肥力状况进行调查分析。种床要求精耕细作。

（3）播种期　秋季9—10月播种。

（4）播种方法　条播，行距30cm，每小区播种10行，播深0.5～1.5cm，播后镇压。

（5）播种量　每小区22.5g（每亩1kg，种子用价＞80%）。

（6）田间管理　田间管理水平略高于当地大田生产水平，及时查苗补种或补苗、防除杂草、施肥、排灌并防治病虫害，以满足参试品种（系）正常生长发育的水肥需要，建植后注意及时补充磷、钾肥。

查苗补缺：尽可能一次播种保全苗，若出现缺苗断垄，应及时补种或补苗。

杂草防除：可选用适当的除草剂或人工除草，以保证试验材料的正常生长。

施肥：根据试验地土壤肥力状况，可适当施用底肥、追肥，以满足参试品种中等偏上的肥力要求。可根据当地实际情况，在播种前每小区施过磷酸钙1 500g，南方易发生缺钾，需要追施钾肥（推荐每年每小区施K_2O 225g）。每年在刈割2～3次后，可适当追施复合肥，每小区建议用量为180g。

水分管理：根据植株田间生长状况、天气条件及土壤水分含量，适时适量浇水，遇雨水过量应及时排涝。

病虫害防治：以防为主，生长期间根据田间虫害和病害的发生情况，选择低毒高效的药剂适期防治。

5. 产草量的测定

产草量包括第一次刈割的产量和再生草产量。首次测产在初花期进行，以后在绝对株高达40cm后刈割。刈割留茬高度为7cm。测产时应先刈割试验小区两侧边行，再将余下的8行留中间4m，去掉两头，实测所留9.6m²的鲜草产量。个别小区如有缺苗等特殊情况，其测产面积应至少为4m²。要求用感量0.1kg的秤称重，记载数据时须保留2位小数。产草量测定结果记入规定表格。

6. 取样

（1）干重　刈割测产后，从每小区随机取3～5把草样，将4个重复的草样混合均匀，取约1 000g的样品，剪成3～4cm长，编号称重。在干燥气候条件下，用布袋或尼龙纱袋装好，挂置于通风遮雨处晾干至两次称重之差不超过2.5g；在潮湿气候条件下，置于烘箱中，60～65℃烘干12h，取出放置室内冷却回潮24h后称重，然后再放入烘箱60～65℃烘干8h，取出放置室内冷却回潮24h后称重，直至两次称重之差不超过2.5g为止。

（2）品质　由国家草品种区域试验站（北京）负责取样，农业农村部全国草业产品质量监督检验测试中心负责检测。将第一茬测完干重后的草样保留，作为品质测定样品。

7.观测记载项目
按要求进行田间观察，并记载当日所做的田间工作，整理填写入表。

8.数据整理
各承试单位负责其测试站点内所有测试数据的统计分析，干草产量用新复极差法进行多重比较。

9.总结报告
各承试单位于每年11月10日之前将填写完整的原始数据调查表及试验总结报告上交至省级草原技术推广部门，省级草原技术推广部门于11月20日之前将汇总结果（纸质及电子版）上交至全国畜牧总站。

10.试验报废
各承试单位有下列情形之一的，该点区域试验进行全部或部分报废处理：

因不可抗拒因素（如自然灾害等）造成试验不能正常进行；

同品种缺苗率超过15%的小区有2个或2个以上；

其他严重影响试验科学性情况的。

试验期间，因以上原因造成试验报废的，承试单位应及时通过省级草原技术推广部门向全国畜牧总站提供书面报告。

（二）紫花苜蓿品种区域试验技术方案（2017年度）

1.试验目的
客观、公正、科学地评价紫花苜蓿参试品种的丰产性、适应性和营养价值，为新草品种审定和推广提供科学依据。

2.试验安排
（1）试验点　安排重庆南川，四川新津、达州，贵州贵阳、独山，云南小哨6个试验点。

（2）参试品种　编号为2017DK00101、2017DK00102和2017DK00103，共3个品种。

3.试验设置
（1）试验地选择　试验地应尽可能代表所在试验区的气候、土壤和栽培条件等。选择地势平整、土壤肥力中等且均匀、前茬作物一致、无严重土传病害、具有良好排灌条件（雨季无积水）、四周无高大建筑物或树木影响的地块。

（2）试验设计

试验周期：试验不少于3个完整的生产周期。

小区面积：15m²（长5m×宽3m）。

小区布置：采用随机区组设计，4次重复，同一区组应放在同一地块，试验点整个试验地四周设1m保护行。

4. 播种和田间管理

（1）一般原则　进行田间操作时，同一项技术措施应在同一天完成。同项技术措施无法在同一天完成时，同一区组的该项措施必须在同一天完成。

（2）试验地准备　播种前应对试验地的土质和肥力状况进行调查分析。种床要求精耕细作。

（3）播种期　夏、秋季适时播种。

（4）播种方法　条播，行距30cm，每个小区播种10行，播深1～2cm，播后镇压。

（5）播种量　每小区30g（每亩1.33kg，种子用价>80%）。

（6）田间管理　田间管理水平略高于当地大田生产水平，及时查苗补种或补苗、防除杂草、施肥、排灌并防治病虫害（抗病虫性鉴定的除外），以满足参试品种正常生长发育的水肥需要。

查苗补缺：尽可能一次播种保全苗，若出现明显的缺苗，应尽快补播或移栽补苗。

杂草防除：可人工除草或选用适当的除草剂，以保证参试品种的正常生长。

施肥：根据试验地土壤肥力状况，可适当施用底肥、追肥，以满足参试品种中等偏上的肥力要求。可根据当地实际情况，播前每小区施过磷酸钙（含P_2O_5 18%）1 500g，生长期可适当追施钾肥。

水分管理：播种后遇土壤干旱时应及时浇水，确保出苗整齐。出苗后，可根据土壤水分状况减少灌溉次数，增加每次灌溉深度。播种当年越冬前应灌足冻水（冻水灌水量以地表以下0.6～1m土壤湿润为宜）；从播种后第二年起，每年返青前要浇返青水，每次刈割测产后深灌1次（灌溉深度至少为0.6m），越冬前应灌足冻水（冻水灌水量以地表以下0.6～1m土壤湿润为宜）。

病虫害防治：生长期间根据田间虫害和病害的发生情况，选择高效低毒的药剂适时防治。

5. 产草量测定

产草量包括第一次刈割的产量和再生草产量。一般于初花期刈割测产，刈割留茬高度为6cm。最后一次测产应在初霜前30d进行。测产时先去掉小区两侧边行，再将余下的8行留中间4m，然后去掉两头，实测所留9.6m²的鲜草产量。如个别小区因家畜采食、农机碾压等非品种自身特性的特殊原因缺苗，应按实际测产面积计算产量，但该小区的测产面积不得少于4m²。要求用感量0.1kg的秤称重，记载数据时须保留2位小数。产草量测定结果记入规定表格。

6.取样

（1）干重　每次刈割测产后，从每小区随机取3～5把草样，将4个重复的草样混合均匀，取约1 000g的样品，剪成3～4cm长，编号称重。将称取鲜重后的样品置于烘箱中，60～65℃烘干12h，取出放置室内冷却回潮24h后称重，然后再放入烘箱60～65℃烘干8h，取出放置室内冷却回潮24h后称重，直至两次称重之差不超过2.5g为止。计算各参试品种的干重和干鲜比，测定结果记入规定表格。

（2）营养价值　只在国家草品种区域试验站（新津）取样，农业农村部全国草业产品质量监督检验测试中心负责检测。将第一个完整生产周期第一茬测完干重后的草样保留，作为营养价值测定样品。

安排取样的试验点无法获得营养价值测定样品时，应及时通知全国畜牧总站。

7.观测记载项目

按要求进行田间观察，并记载当日所做的田间工作，整理填写入表。

8.数据分析

（1）产草量变异系数的计算　计算参试品种的全年累计产草量变异系数（CV），记入规定表格。CV超过20%的，要进行原因分析，并记录在表格下方。计算变异系数、同品种不同重复的产草量数据标准差、同品种不同重复的产草量数据平均数。

（2）区组间产草量的差异分析　对比不同区组间的全年累计产草量数据，波动较大的，要进行原因分析，并记录在表格下方。

9.总结报告

各试验点于每年11月20日之前将全部试验数据和填写完整的材料提交省级项目组织单位审核，项目组织单位于11月30日之前将以上材料（纸质及电子版）提交至全国畜牧总站。

10.试验报废

有下列情形之一的，该试验组进行全部或部分报废处理：

因不可抗拒因素（如自然灾害等）造成试验不能正常进行；

同品种缺苗率超过15%的小区有2个或2个以上；

同一试验组中，有较多参试品种的产草量变异系数超过20%；

其他严重影响试验科学性情况的。

试验期间，因以上原因造成试验报废的，试验点应及时通过省级项目组织单位向全国畜牧总站提供详细的书面报告。

（三）美丽胡枝子品种区域试验技术方案（2017年度）

1.试验目的

客观、公正、科学地评价美丽胡枝子参试品种的丰产性、适应性和营养价值，为新草品种审定和推广提供科学依据。

2.试验安排

（1）试验点　安排湖北武汉、湖南邵阳、江西南昌、江苏南京、安徽合肥、重庆南川6个试验点。

（2）参试品种　编号为2017DK00301、2017DK00302和2017DK00303，共3个品种。

3.试验设置

（1）试验地选择　试验地应尽可能代表所在试验区的气候、土壤和栽培条件等。选择地势平整、土壤肥力中等且均匀、前茬作物一致、无严重土传病害、具有良好排灌条件（雨季无积水）、四周无高大建筑物或树木影响的地块。

（2）试验设计

试验周期：2017年起，试验不少于4个完整的生产周期。

小区面积：30m^2（长6m×宽5m）。

小区布置：采用随机区组设计，4次重复，同一区组应放在同一地块，整个试验地四周设1m保护行。

4.播种和田间管理

（1）一般原则　进行田间操作时，同一项技术措施应在同一天完成。同项技术措施无法在同一天完成时，同一区组的该项措施必须在同一天完成。

（2）试验地准备　播种前应对试验地的土质和肥力状况进行调查分析。种床要求精耕细作。

（3）播种期　春播，长江流域3月中下旬即可播种。

（4）播种方法　育苗移栽。待苗高10～15cm时进行移栽，阴天或降雨来临前移栽有利于成活。移栽行距50cm，株距10cm，每穴保证1苗成活。每小区移栽10行，每行60株，共600株。移栽后及时浇水。每个试验点需育苗3 000株以上。由于2017DK00302种子硬实率高，为保证出苗一致，育苗前要进行种子硬实处理，用砂纸擦破种皮，其余两个品种不需要打磨处理。

（5）田间管理　田间管理水平略高于当地大田生产水平，及时查苗补种或补苗、防除杂草、施肥、排灌并防治病虫害（抗病虫性鉴定的除外），以满足参试品种正常生长发育的水肥需要。

查苗补缺：尽可能一次移栽后保全苗，若出现移栽苗死亡现象，应及时从苗床移苗补栽。

杂草防除：可人工除草或选用适当的除草剂，以保证参试品种的正常生长，尤其要注意在移栽苗期、翌年返青期和长江流域梅雨期，应视情况及时防除杂草。

施肥：根据试验地土壤肥力状况，适当施用底肥以满足参试品种的需肥要求。播前可根据当地实际情况，施复合肥300～450kg/hm^2，生长期内不再施肥。

水分管理：移栽幼苗后为确保成活率须及时浇水，之后每天早晚浇水1次，直至植株成活。种植当年在夏秋季视植株田间生长状况、天气条件及土壤水分含量，可适时灌溉，遇雨水过量及时排涝。种植第二年及以后年份，不再进行灌溉。

病虫害防治：生长期间根据田间虫害和病害的发生情况，选择高效低毒的药剂适时防治。

5.产草量测定

产草量包括第一次刈割的产量和再生草产量，当植株高度达100cm左右时刈割，留茬高度20～30cm，最后一次测产应在植株停止生长前30d进行。测产时先去掉小区两侧边行，再将余下的8行留中间5m，然后去掉两头（即去掉两头各5株，留中间50株），实测所留20.0m^2（400株）的鲜草产量。如个别小区因家畜采食、农机碾压等非品种自身特性的特殊原因缺苗，可用不少于4m^{2}的实测面积产量计算小区产量；但如因品种自身原因造成缺苗断垄现象，应按实际要求测产面积计算小区产草量。要求用感量0.1kg的秤称重，记载数据时须保留2位小数。产草量测定结果记入规定表格。

6.取样

（1）干重　每次刈割测产后，从每小区随机取3～5把草样，将4个重复的草样混合均匀，取约1kg的样品，剪成5～8cm长，编号称重。然后将样品平摊于室内阴干，再在烘箱中60～65℃烘干12h，取出放置室内冷却回潮24h后称重，然后再放入烘箱60～65℃烘干8h，取出放置室内冷却回潮24h后称重，直至两次称重之差不超过2.5g为止。计算各参试品种的干重和干鲜比，测定结果记入规定表格。

（2）营养价值　只在国家草品种区域试验站（武汉）取样，农业农村部全国草业产品质量监督检验测试中心负责检测。将第一个完整生产周期（即播种后第二年）第一茬测完干重后的草样保留，作为营养价值测定样品。安排取样的试验点无法获得营养价值测定样品时，应及时通知全国畜牧总站。

7.观测记载项目

按要求进行田间观察，并记载当日所做的田间工作，整理填写入表。

8.数据分析

（1）产草量变异系数的计算　计算参试品种的全年累计产草量变异系数（CV），记入规定表格。CV超过20%的，要进行原因分析，并记录在表格下方。计算变异系数、同品种不同重复的产草量数据标准差、同品种不同重复的产草量数据平均数。

（2）区组间产草量的差异分析　对比不同区组间的全年累计产草量数据，波动较大的，要进行原因分析，并记录在表格下方。

9.总结报告

各试验点于每年11月20日之前将全部试验数据和填写完整的材料提交省级项目组织单位审核，项目组织单位于11月30日之前将以上材料（纸质及电子版）提交至全国畜牧总站。

10.试验报废

有下列情形之一的，该试验组进行全部或部分报废处理：

因不可抗拒因素（如自然灾害等）造成试验不能正常进行；

同品种缺苗率超过15%的小区有2个或2个以上；

同一试验组中，有较多参试品种的产草量变异系数超过20%；

其他严重影响试验科学性情况的。

试验期间，因以上原因造成试验报废的，试验点应及时通过省级项目组织单位向全国畜牧总站提供详细的书面报告。

（四）多花木蓝品种区域试验技术方案（2019年度）

1.试验目的

客观、公正、科学评价参试品种的丰产性、适应性、种子产量和营养价值，为新草品种审定和推广提供科学依据。

2.试验安排

（1）试验点　安排湖北武汉、贵州贵阳、广西南宁、福建建阳、重庆南川5个试验点。

（2）参试品种　编号为2019DK03401、2019DK03402、2019DK03403，共3个品种。

3.试验设置

（1）试验地选择　试验地应尽可能代表所在试验区的气候、土壤和栽培条件等。选择地势平整、土壤肥力中等且均匀、前茬作物一致，无严重土传病害、具有良好排灌条件（雨季无积水）、四周无高大建筑物或树木影响的地块。

（2）试验设计

试验周期：2019年春季起，试验不少于4个完整的生产周期。

小区面积：30m^2（长6m×宽5m）。

小区布置：采用随机区组设计，4次重复，小区间隔1m，区组间隔1m。同一区组应放在同一地块，整个试验地四周设1m保护行。

4.播种和田间管理

（1）一般原则　进行田间操作时，同一项技术措施应在同一天完成。同项技术措施无法在同一天完成时，同一区组的该项措施必须在同一天完成。

（2）试验地准备　播种前应对试验地的土质和肥力状况进行调查分析。种床要求精耕细作。

（3）播种期　春播，长江中下游地区一般在3月下旬至4月中旬播种。

（4）播种方法　采用同期育苗移栽方法，尽可能用育苗袋育苗，每个品种育苗3 000袋备用，每袋播种4～5粒种子。由于2019DK03402种子硬实率高，为保证出苗一致，育苗前要进行种子硬实处理，用砂纸擦破种皮，其余两个品种不需要打磨处理。待苗高10～15cm时，按照50cm×10cm株行距进行移栽，每小区600株。移栽后须及时浇水，保持土壤湿润，每穴保证1株成活。可根据试验点、天气等情况移栽，但同一试验须在同一天完成。阴天或降雨来临前移栽有利于成活。

（5）田间管理　田间管理水平略高于当地大田生产水平，及时查苗补苗、防除杂草、施肥、排灌并防治病虫害（抗病虫性鉴定的除外），以满足参试品种正常生长发育的水肥需要。

查苗补缺：尽可能一次移栽保全苗，若出现缺苗死亡现象，应及时从备用的育苗袋中挖取幼苗进行补栽。

杂草防除：可人工除草或选用适当的除草剂，以保证参试品种的正常生长，尤其要注意在苗期、翌年返青期及梅雨季节，应及时除杂草。

施肥：根据试验地土壤肥力状况，适当施用底肥以满足参试品种的需肥要求。播前可根据当地实际情况，施有机肥 22.5 ~ 30t/hm^2、过磷酸钙 600 ~ 750kg/hm^2。每次刈割后，施 45% 复合肥 [m（N）∶m（P）∶m（K）= 15∶15∶15] 150 ~ 180kg/hm^2，冬季霜冻前，施过磷酸钙 750kg/hm^2。

水分管理：种植当年为确保成活率，视植株田间生长状况、天气条件及土壤水分含量，应适时适量灌溉，尤其要注意苗期移栽后，可每天灌溉 1 次；遇雨水过量应及时排涝。种植第二年及以后，不再进行灌溉。

病虫害防治：多花木蓝易受蚜虫为害，每年 5—7 月为多发期，可结合刈割措施选择高效低毒的药剂适时防治。

越冬管理：在霜冻多发地区，应对参试品种进行适当的越冬管理，即在冬季霜冻前，将多花木蓝地上部分砍掉，留茬 10 ~ 15cm，以确保其免受冻害并促进来年分枝。

5.产量测定

产草量包括第一次刈割的产量和再生草产量。当植株绝对高度 70 ~ 80cm 时进行第一次刈割测产，以后各茬在绝对高度 50 ~ 60cm 时进行刈割，留茬高度 15 ~ 20cm。入冬前最后一次测产应在植株停止生长前 30d 进行。测产时先去掉小区两侧边行，再将余下的 8 行留中间 5m，然后去掉两头（即去掉两头各 5 株，留中间 50 株），实测所留 20m^2（400 株）的鲜草产量。要求用感量 0.1kg 的秤称重，记载数据时须保留 2 位小数。产草量测定结果计入规定表格。

6.取样

（1）干重　每次刈割测产后，每小区随机取 3 ~ 5 把草样，将 4 个重复的草样混合均匀，取约 1kg 的样品，剪成 3 ~ 4cm 长，编号称重。将称取鲜重后的样品置于烘箱中，60 ~ 65℃ 烘干 12h，取出放置室内冷却回潮 24h 后称重，然后再放入 60 ~ 65℃ 的烘箱中烘干 8h，取出放置室内冷却回潮 24h 后称重，直至两次称重之差不超过 2.5g 为止。计算各参试品种的干重和干鲜比，测定结果记入规定表格。

（2）叶茎比　第一次刈割测产时，随机从每小区取 3 ~ 5 把草样，将 4 个重复的草样混合均匀，取约 1kg 样品，将茎、叶（含花序）两部分分开，烘干后求其占叶茎总重的百分比。叶茎比测定结果计入规定表格。

（3）营养价值　只在国家草品种区域试验站（武汉）取样，农业农村部全国草业产品质量监督检验测试中心负责检测。将播种后第二年（第一个完整的生产周期）第一茬测完干重后的草样保留，作为营养价值测定样品，送样量不得少于500g。样品需标明取样日期、取样试验点名称、样品质量、草种名称、草种编号、送样人及联系方式等信息。安排取样的试验点无法获得营养价值测定样品时，应及时通知全国畜牧总站。

7. 观测记载项目

按要求进行田间观察，并记载当日所做的田间工作，整理填写入表。拍摄播种、出苗、生长期、测产情况照片，包括试验组全景和每个小区的整体照片。整个试验期间，如发现病虫害或其他异常情况需拍摄近距离特写。照片按拍摄时间归档，并为每组照片加注拍摄时间、位置和简要情况说明。

8. 数据分析

（1）产草量变异系数的计算　计算参试品种的全年累计产草量变异系数（CV），记入规定表格。CV超过20%的，要进行原因分析，并记录在表格下方。计算变异系数、同品种不同重复的产草量数据标准差、同品种不同重复的产草量数据平均数。

（2）区组间产草量的差异分析　对比不同区组间的全年累计产草量数据，波动较大的，要进行原因分析，并记录在表格下方。

9. 总结报告

各试验点于每年12月10日之前将全部试验数据和填写完整的材料提交省级项目组织单位审核，项目组织单位于12月20日之前将以上材料（纸质及电子版）提交至全国畜牧总站。遇特殊情况可延至12月31日前提交以上材料，但须说明原因及最后报送时间点。

10. 试验报废

有下列情形之一的，该试验组进行全部或部分报废处理：

因不可抗拒因素（如自然灾害等）造成试验不能正常进行；

同品种缺苗率超过15%的小区有2个或2个以上；

同一试验组中，有较多参试品种的产草量变异系数超过20%；

其他严重影响试验科学性情况的。

试验期间，因以上原因造成试验报废的，试验点应及时通过省级项目组织单位向全国畜牧总站提供详细的书面报告。

三、菊科试验组区域试验技术方案

苦荬菜品种区域试验技术方案（2015年度）

1. 试验目的

客观、公正、科学地评价苦荬菜参试品种的丰产性、适应性和营养价值，为新草品种审定和推广应用提供科学依据。

2.试验安排

（1）试验点　安排四川新津、湖北武汉、重庆南川、安徽合肥、江苏南京、湖南邵阳6个试验点。

（2）参试品种　编号为2015QT40401、2015QT40402和2015QT40403，共3个品种。

3.试验设置

（1）试验地选择　应尽可能代表所在试验区的气候、土壤和栽培条件等。选择地势平整、土壤肥力中等且均匀、前茬作物一致、无严重土传病害、具有良好排灌条件（雨季无积水）、四周无高大建筑物或树木影响的地块。土壤pH 5.5～7.5为宜。

（2）试验设计

试验周期：2015年起，试验不少于2个生产周期。

小区面积：15m²（5m×3m）。

小区布置：采用随机区组设计，4次重复，同一区组应放在同一地块，整个试验地四周设1m保护行。

4.播种和田间管理

（1）一般原则　进行田间操作时，同一项技术措施应在同一天完成。同项技术措施无法在同一天完成时，同一区组的该项措施必须在同一天完成。

（2）试验地准备　播种前应对试验地的土质和肥力状况进行调查分析。如试验地杂草较严重，应选择晴天喷施灭生性除草剂除杂草。用药一周后翻耕，耕深20～25cm，打碎土块，耙平地面。

（3）播种期　春播，最佳播种时间为2月下旬至3月中旬。

（4）播种方法　采用育苗移栽法。幼苗长到3～5片叶时即可移栽，行距30cm，株距10cm，每穴保证1苗成活。阴天移栽有利于提高成活率，如遇晴天太阳直射强烈，需用遮阳网遮阳12～24h。幼苗要随拔随栽，移栽后浇定根水。

（5）田间管理　田间管理水平略高于当地大田生产水平，及时查苗补种或补苗、防除杂草、施肥、排灌并防治病虫害（抗病虫性鉴定的除外），以满足参试品种正常生长发育的水肥需要。

查苗补缺：尽可能一次移栽后保全苗，若出现缺苗断垄，应及时从苗床移苗补栽。

杂草防除：可人工除草或选用适当的除草剂，以保证参试品种的正常生长，尤其要注意苗期应及时除杂草。

施肥：视土壤肥力情况，每亩施农家肥2 000～3 000kg或尿素25～35kg和过磷酸钙20～30kg作基肥。根据苗情，在苗期以及每次刈割之后宜追肥，追肥以氮肥为主，苗期每亩追施尿素5kg为宜，每次刈割后每亩追施尿素10～20kg为宜。

水分管理：苗期遇干旱应及时浇水保苗。在低洼易涝地区以及南方雨水较多的季节，1d以上的短期积水就会造成根部腐烂、植株死亡，因此必须确保小区可及时排水，应在相邻小区间开设30～40cm深排水沟，相邻区组间开设50cm深排水沟，并定期疏通排水沟，确保排水效果。

病虫害防治：苦荬菜常见病害为白粉病、霜霉病和叶斑病，可参照防治真菌性病害的方法进行处理，施用国家允许使用的药剂来防治，如百菌清、多菌灵、代森锰锌等，同时注意采用合理的施肥和灌溉措施。苦荬菜花期的主要害虫为蚜虫，一般采取喷洒杀灭地上害虫的药剂进行防治。

5.产草量测定

产草量包括第一次刈割的产量和再生草产量。每当植株自然高度达到40cm时进行刈割测产，留茬高度8cm，最后一次刈割时间为8月初。测产时先去掉小区两侧边行，再将余下的8行留中间4m（40株），然后去掉两头，实测所留9.6m^2（320株）的鲜草产量。如个别小区因家畜采食、农机碾压等非品种自身特性的特殊原因缺苗，导致测产面积不足9.6m^2，应按实际测产面积计算产量，但该小区的测产面积不得少于4m^2。要求用感量0.1kg的秤称重，记载数据时须保留2位小数。产草量测定结果记入规定表格。

6.取样

（1）干重　每次刈割测产后，从每小区随机取3～5把草样，将4个重复的草样混合均匀，取约1000g的样品，剪成3～4cm长，编号称重。将称取鲜重后的样品置于烘箱中，60～65℃烘干12h，取出放置室内冷却回潮24h后称重，然后再放入烘箱60～65℃烘干8h，取出放置室内冷却回潮24h后称重，直至两次称重之差不超过2.5g为止。计算各参试品种的干重和干鲜比，测定结果记入规定表格。

（2）营养价值　只在国家草品种区域试验站（新津）取样，由农业农村部全国草业产品质量监督检验测试中心负责检测。将第一个生产周期收获的第一茬样品干燥后保留，作为营养价值测定样品。安排取样的试验点无法获得营养价值测定样品时，应及时通知全国畜牧总站。

7.观测记载项目

按要求进行田间观察，并记载当日所做的田间工作，整理填写入表。

8.数据分析

（1）产草量变异系数的计算　计算参试品种的全年累计产草量变异系数（CV），记入规定表格。CV超过20%的，要进行原因分析，并记录在表格下方。计算变异系数、同品种不同重复的产草量数据标准差、同品种不同重复的产草量数据平均数。

（2）区组间产草量的差异分析　对比不同区组间的全年累计产草量数据，波动较大的，要进行原因分析，并记录在表格下方。

9.总结报告

各试验点于每年11月20日之前将全部试验数据和填写完整的材料提交省级项目组织单位审核，项目组织单位于11月30日之前将以上材料（纸质及电子版）提交至全国畜牧总站。

10.试验报废

有下列情形之一的，该试验组进行全部或部分报废处理：

因不可抗拒因素（如自然灾害等）造成试验不能正常进行；

同品种缺苗率超过15%的小区有2个或2个以上；

同一试验组中，有较多参试品种的产草量变异系数超过20%；

其他严重影响试验科学性情况的。

试验期间，因以上原因造成试验报废的，试验点应及时通过省级项目组织单位向全国畜牧总站提供详细的书面报告。

四、草坪草试验组区域试验技术方案

马蹄金品种区域试验技术方案（2018年度）

1.试验目的

客观、公正、科学地评价马蹄金参试品种的坪用性状、适应性和抗性，为新草品种审定和推广应用提供科学依据。

2.试验安排

（1）试验点　安排四川新津、贵州独山、重庆南川、江苏南京、湖北武汉5个试验点。

（2）参试品种　编号为2018CP20401、2018CP20402和2018CP20403，共3个品种。

3.试验设置

（1）试验地选择　试验地应尽可能代表所在试验区的气候、土壤和栽培条件等。选择地势平整、土壤肥力中等且均匀、前茬作物一致、无严重土传病害、具有良好排灌条件（雨季无积水）、四周无高大建筑物或树木影响的地块。

（2）试验设计

试验周期：2018年起，试验不少于3个完整的生产周期。

小区面积：$4m^2$（$2m \times 2m$）。

小区布置：采用随机区组设计，4次重复，同一区组应放在同一地块，整个试验地四周设1m保护行。

4.坪床准备

确定试验地后，应进行彻底清理、翻耕与粗平整。栽植前应充分灌溉坪床，湿润层保持在10cm以上。待坪床表面稍干后，浅耙，打碎土块，使土粒不超过黄豆粒大小，并进行精细平整。

5.播种

（1）栽种方法　采用营养体栽植方法。将$1m^2$草皮分成$10cm \times 10\,cm$草块，均匀分栽于$4m^2$的小区内。另外，在试验区外建立一个$2m^2$种苗区，以备补栽时使用。

（2）栽种时间　春末、夏初适时栽种。

6. 田间管理

（1）一般原则　进行田间操作时，同一项技术措施应在同一天完成。同项技术措施无法在同一天完成时，同一区组的该项措施必须在同一天完成。

（2）成坪前管理　栽种后，及时清除杂草，缺苗小区应及时补栽。成坪前不宜践踏。

（3）成坪后管理　要求同一试验的养护管理措施及时、一致，每一项养护管理操作应在同一天内完成。养护管理水平应达到当地中等水肥管理水平，以保证参试材料能够正常生长。及时清理小区间隔，防止马蹄金枝条蔓延出小区。

（4）施肥

施肥时间：在草坪生长季节，根据土壤及草坪生长情况适时施肥。追施尿素应选择在早春和初秋进行，夏季不施尿素。

施肥量与次数：综合土壤肥力高低、生长季长短等因素平衡施肥，避免参试品种出现营养元素缺乏症状，生长季内的施氮肥量为$30g/m^2$（含氮46%的尿素），一次施$10g/m^2$。

施肥方法：在草坪草叶面干燥时，人工分次均匀撒施，施肥后应及时灌水。

（5）浇水

水源：应采用清洁的地下水或地表水，不应使用未经处理的污水。

浇水方式：喷灌。

浇水时间：盛夏高温季节，宜在早晨凉爽时灌溉，而温度较低的早春和秋冬季，在中午灌溉。应注意在春季返青后和冬季休眠前，根据降水情况进行灌溉。

浇水量及频率：根据土壤、气候等因素确定，应避免参试品种出现明显的干旱胁迫症状。当土壤出现裂痕或叶片轻度萎蔫、失去光泽、变成灰绿色时，应及时喷灌，每次浇水量以土壤表层10cm浸湿为宜。在干旱、高温季节，适当增加浇水次数，在降水量高的地区，适当减少浇水次数。普通干旱情况下，一般1周浇水1次；温度较低时，可每隔10d左右浇水1次。

（6）病虫害防治　一般不进行病虫害预防，以免掩盖试验材料的抗病虫性。发生病虫害后可根据病虫害种类，喷洒高效低毒药剂治疗，防止病虫害进一步蔓延，并记录病虫为害的大体情况及喷施药剂的时间和种类。

（7）杂草防除　应及时防除小区中的杂草，可人工拔除或采用高效低毒的药剂防除。苗期采用人工除草。

7. 观测记载项目

按要求进行田间观察，并记载当日所做的田间工作，整理填写入表。

8. 数据汇总

对当年所有观测数据进行审核汇总，填写表格。

9. 总结报告

各试验点于每年12月10日之前将全部试验数据和填写完整的材料提交省级项目组织

单位审核，项目组织单位于12月20日之前将以上材料（纸质及电子版）提交至全国畜牧总站。遇特殊情况可延至12月31日前提交以上材料，但须说明原因及最后报送时间。

10.试验报废

有下列情形之一的，该试验组进行全部或部分报废处理：

因不可抗拒因素（如自然灾害等）造成试验不能正常进行；

同品种缺苗率超过15%的小区有2个或2个以上；

其他严重影响试验科学性情况的。

试验期间，因以上原因造成试验报废的，试验点应及时通过省级项目组织单位向全国畜牧总站提供详细的书面报告。

第三章

重庆草品种筛选与评价

第一节　狼尾草属饲草

禾本科狼尾草属饲草，直立丛生，具有较强的分蘖能力，一般单株每年可分蘖40～90株，株高可达4～5m，节数为20～25个，节间较脆嫩。适宜热带与亚热带气候栽培，喜温暖湿润气候，种植以土深肥沃的沙质土或壤土为宜，抗旱性强，抗涝性弱，可耐低温及微霜，但不耐冰冻，在重庆海拔700m以上地区自然越冬较难。对土壤肥力反应快速，有机肥中的牛粪为最佳肥料之一。生长快，抑制杂草能力强，分蘖力强，再生性好，产量高。一般每年可刈割3～5次，亩产鲜草12 000～20 000kg。适宜刈割青饲、青贮和放牧利用，是牛、马、羊等草食动物的良好饲料。

1. 试验材料

参试品种包括台湾甜象草、杂交狼尾草、桂牧1号、紫象草。

2. 试验方法

（1）试验地点

丰都许明：试验地海拔460m，肥力中等，前茬作物玉米。

合川双槐：试验地海拔350m，肥力中等，前茬作物籽粒苋。

（2）栽培方式

扦插时间：2016年3月21—22日。

种茎选择：选择一年以上的健壮茎作为种茎。

种茎处理：用锐利刀具将具有芽孢的茎节切为茎段，2个节为一段。

扦插方式：将茎段斜插入土，保证1个节在地下；株距60cm，行距70cm，每个小区10行、10窝、42m²。

小区设置：采用随机区组设计。每个品种设3次重复。

（3）田间管理

施肥：每亩施复合肥40kg＋磷肥30kg＋钾肥20kg作基肥，分散施肥并翻入土中；在幼苗长到20～30cm时，每亩追施尿素10kg；每割1次，每亩追施尿素15kg。

浇水：在伏旱季节，根据实际情况浇水2次。

（4）收获测产 统一在7月1日、8月29日、12月2日刈割，测定鲜重，留茬10cm。测产时去小区每行两端边株（含分蘖），留中间6行，小区实测面积20.16m²。

3.试验结果

4个不同品种的狼尾草属饲草对比试验结果显示，在较为精细管理、年刈割3次的情况下，4个狼尾草属饲草品种种植当年亩产量均在12t以上，其中，台湾甜象草、杂交狼尾草、桂牧1号和紫象草的产量分别为15.29、15.62、15.01和12.39t。

4.试验掠影

小区布置与扦插

长势观测

刈割测产

第二节 饲用甜高粱

饲用甜高粱为一年生草本植物，种子千粒重为20～30g。喜温暖湿润气候，在日温27～32℃时生长速度最快，日温12℃、夜温4℃时停止生长。在降水量600～900mm的温暖地带能获得很高的生物产量，干旱时需灌溉才能高产。对土壤要求不严，在排水良好的肥沃壤土中产量最高。土壤pH 6.5～7.5时较适宜。耐盐性强，耐贫瘠性强，但施肥充足时才能高产。植株高大、产量高、茎秆富含糖分、营养价值较高，适口性好，饲料转化率高，多种牲畜均喜食。苗期分蘖力强，再生性强，在南方地区可年刈割3～5次，年鲜草产量为120～150t/hm^2。刈割后可用于青饲、生产干草、青贮等，种植者可根据养殖情况自主安排。2013—2018年，重庆市畜牧技术推广总站在位于重庆南川大观云雾的重庆市饲草实验基地及位于重庆开州的重庆旭晖牧业有限公司羊场饲草地开展了多次不同的饲用甜高粱试验及展示评价。不同年份的成果展示如下。

一、2013年南川试验点的饲用甜高粱试验

（一）5个不同甜高粱品种的对比试验

1.试验材料
参试品种包括青贮大师、甜蜜蜜、超级糖王、斯威特、大力士。

2.试验方法
播种时间：2013年4月24日。

栽培方式：穴播3粒种子，穴距15cm，行距40cm，每个小区12m^2。

小区设置：采用随机区组设计。每个品种设3次重复。

田间管理：苗期除杂1次，伏旱时人工浇水3次。

收获：每次均统一在达到孕穗期时刈割，留茬10cm。鲜重测产。

（二）甜高粱5个不同栽培方式的对比试验

1.试验材料
参试品种为青贮大师。

2.试验方法
播种时间：2013年4月25日。

栽培方式：每穴播3粒种子。按照以下5种方式设置处理：处理1，穴距20cm×行距35cm；处理2，穴距15cm×行距35cm；处理3，穴距10cm×行距40cm；处理4，穴距15cm×行距40cm；处理5，穴距10cm×行距45cm。

定苗及行数：在分蘖期时统一定苗至1棵苗，每种处理方式统一种植10行。

小区设置：采用随机区组设计。每种处理方式设3次重复。

田间管理：苗期除杂1次，伏旱时人工浇水3次。

收获：每次均统一在达到孕穗期时刈割，留茬10cm。鲜重测产。

（三）试验结果

试验一：青贮大师、甜蜜蜜和大力士3个品种本试验年度可刈割2次，超级糖王和斯威特2个品种可刈割3次。亩产量（鲜重）均达到5t以上，其中，青贮大师亩产量最高，为9.3t（刈割2次），其次分别为大力士9.2t（刈割2次）、甜蜜蜜7.8t（刈割2次）、超级糖王6.7t（刈割3次）、斯威特5.4t（刈割3次）。

试验二：青贮大师可刈割2次。亩产量（鲜重）均达到7t以上，其中，以穴距20cm×行距35cm的栽培方式所达到的亩产量8.4t为最高，其次分别为穴距15cm×行距35cm的8.2t、穴距10cm×行距40cm的8t、穴距15cm×行距40cm的7.6t、穴距10cm×行距45cm的7.1t。

（四）试验掠影

播　种

出　苗

田间长势

抽　穗

现场测产 1 现场测产 2

二、2016年南川试验点的饲用甜高粱试验

（一）6个不同甜高粱品种的对比试验

1.试验材料

参试品种包括海牛、绿巨人、甘露400、牧乐8000、光明星、美洲巨人。

2.试验方法

播种时间：2016年4月28日。

栽培方式：直播，行距35cm，穴距10cm，每穴播3粒种子，4～5片叶时定苗至每穴2株（每亩38114株）。试验小区面积为25.2m²（6m×4.2m）。

小区设置：采用随机区组设计。每个品种3次重复。

田间管理：苗期除杂1次。

收获：每次均统一在每品种至抽穗期时刈割，鲜重测产，留茬10cm。去边行及每行头上50cm，实测小区面积为17.5m²。

（二）甜高粱4个不同栽培密度的对比试验

1.试验材料

参试品种为海牛。

2.试验方法

播种时间：2016年4月29日。

栽培方式：直播，行距40cm，穴距10cm，4～5片叶时定苗至试验处理中的1株、2株、3株、4株。按照以下4种栽培密度设置处理：处理1，每穴1株（每亩16 675株）；处理2，每穴2株（每亩33 350株）；处理3，每穴3株（每亩50 025株）；处理4，每穴4株（每亩66 700株）。

小区设置：采用随机区组设计，每种处理设3次重复。

田间管理：苗期除杂1次。

收获：每次均统一在孕穗期至抽穗期时刈割，鲜重测产，留茬10cm，去边行。实测小区面积为19.2m²。

（三）试验结果

6个不同甜高粱品种的对比试验结果显示，6个甜高粱品种的年亩产量均在7t以上，其中，海牛、光明星、美洲巨人3个品种的产量在8t以上，尤其是美洲巨人，产量最高，为9.5t。

甜高粱4个不同栽培密度的对比试验结果显示，海牛在4个不同栽培密度下的年亩产量均在6t以上，随着栽培密度的增大，年亩产量增大，其中以处理4（每亩66 700株），即行距40cm、穴距10cm、每穴4株的栽培方式，所达到的年亩产量最高，为8.2t。

（四）试验掠影

播　种

苗　期

田间长势1

田间长势2

刈割测产

株高测量

三、2017年开州试验点的饲用甜高粱试验

5个不同饲用甜高粱品种的对比试验

1.试验材料

参试品种包括超级糖王、极光、F/V、海牛、海狮。

2.试验方法

播种时间：2017年4月15日。

栽培方式：行距40cm，穴距10cm，每穴播4颗种子，4～5片叶时定苗至2株苗。试验小区面积为19.2m²（6m×3.2m）。

小区设置：采用随机区组设计。每个品种设3次重复。

田间管理：苗期除杂1次。

收获：每次均统一在至少3个品种至抽穗期时刈割，留茬10cm，每个小区去边行，实测小区面积为14.4m²，第一次刈割测产时测株高、鲜重、干鲜比、叶茎比及营养价值，第二次测产时测鲜重。

3.试验结果

5个饲用甜高粱品种在试验方案的条件下，全年在开州区可刈割2次，第二次测产后的再生苗长到60cm左右时停止生长，并在10月下旬开始枯黄，没有形成有效产量。

5个饲用甜高粱品种的平均年亩产鲜草量均在6.4t以上，平均年亩产鲜草量从低到高依次为海狮、极光、F/V、海牛、超级糖王。

5个饲用甜高粱品种第一茬鲜草在风干状态下的含水量为77.75%～80.12%，海牛的含水量最高，海狮的含水量最低。

5个饲用甜高粱品种第一茬鲜草的叶占茎叶总重的比例为26.88%～38.89%，海牛叶占茎叶总重的比例最高，超级糖王叶占茎叶总重的比例最低。

经农业农村部农产品质量安全监督检验测试中心检测，5个饲用甜高粱品种在第一茬样本恒重状态（水分含量约9%）下，按粗纤维含量排序依次为极光＞F/V＞超级糖王＝海狮＞海牛，按粗蛋白含量排序依次为极光＜超级糖王＜F/V＜海牛＜海狮，按磷含量排序依次为超级糖王＜极光＝F/V＜海牛＜海狮，按钙含量排序依次为超级糖王＜极光＜海牛＜F/V＜海狮，按灰分含量排序依次为海狮＜超级糖王＜极光＜F/V＜海牛。

　　根据"饲草中粗蛋白质含量高、粗纤维含量低的饲草营养价值高，反之，营养价值就低"的原则，综合5个品种的年亩产鲜草量、风干状态下的干鲜比、叶茎比及农业农村部营养价值测定结果来看，初步判定海牛、海狮2个品种作为候选优良品种，待后期重复试验后推广使用。

4.试验掠影

播　种

出　苗

田间长势1

田间长势2

株高测量

鲜草称重

现场测产人员合影

数据会商

四、2018年南川试验点的饲用甜高粱试验

（一）甜高粱不同栽培方式的对比试验

1.试验材料

参试品种包括甜高粱大力士、拉巴豆润高。

2.试验方法

播种时间：甜高粱2018年4月10日，拉巴豆2018年4月10日。

栽培方式：甜高粱，直播，每穴播4颗种子，在3～5片叶时定苗至每穴2株；拉巴豆，直播，每穴播3粒种子，与甜高粱同期定苗至每穴2株。按照以下3种方式设置处理：处理1，种植甜高粱，行长6m，行距45cm，穴距10cm，每小区12行，每穴2株；处理2，种植甜高粱，行长6m，行距30cm，穴距15cm，每小区17行，每穴2株；处理3，采用宽窄行设计，行长6m，宽行行距55cm，窄行行距35cm，每个小区有5个宽行，宽行中间种1行拉巴豆，共计每小区种植甜高粱12行、拉巴豆5行，拉巴豆穴距20m，甜高粱穴距10cm，每穴均2株。

小区设置：采用随机区组设计，每种处理设3次重复。

田间管理：苗期除杂1次。

收获：甜高粱每次均统一在抽穗期时刈割，鲜重测产，留茬10cm，拉巴豆随甜高粱刈割，一起进行鲜重测产。测产时去边行，处理1小区面积32.4m^2，实测面积27m^2；处理2小区面积30.6m^2，实测面积27m^2；处理3小区面积32.4m^2，实测面积27m^2。

（二）甜高粱4个不同栽培密度的对比试验

1.试验材料
参试品种为大力士。

2.试验方法
播种时间：2018年4月10日。

栽培方式：直播，行距40cm，穴距10cm，10行，行长6m。按照以下4种密度设置处理：处理1，每穴1株（每亩16 675株）；处理2，每穴2株（每亩33 350株）；处理3，每穴3株（每亩50 025株）；处理4，每穴4株（每亩66 700株）。

小区设置：采用随机区组设计，每种处理设4次重复。

田间管理：苗期除杂1次。

收获：在孕穗期至抽穗期或植株高度达2.5m以上时刈割，留茬10cm，去边行及每行两边各50cm。实测小区面积16m^2。

测量指标：每个小区测株高（10株）、鲜草重、叶茎比、干鲜比。

（三）试验结果

3种饲用甜高粱不同栽培方式的对比试验中，全年鲜草产量从高到低依次为处理2、处理3、处理1，亩产量分别为8 587.93、8 344.36、8 169.33kg，其中处理2的产量最高。行距30cm×穴距15cm（每亩14 822株饲用甜高粱）在同样的饲用甜高粱种植密度下，产量等指标最高，是最优的一个栽培种植方式，待重复试验验证后，可作为重庆饲用甜高粱高产栽培方式进行推广。

参试品种大力士全年可刈割2次，第二茬刈割后的再生苗没有形成有效产量。4个不同种植密度处理的全年亩产鲜草产量均在7.72t以上，从高到低依次为处理4每亩8.01t、处理2每亩7.88t、处理1每亩7.78t、处理3每亩7.72t。

（四）试验掠影

播　种　　　　　　　　　　　定　苗

田间长势1

田间长势2

株高测量

鲜草称重

第三节　多花黑麦草

多花黑麦草又叫一年生黑麦草，为一年生或越年生禾本科牧草，种子千粒重为2.2g。喜温热湿润气候，昼夜温度为12～27℃时生长最快。不耐严寒和干热，最适宜在降水量1 000～1 500mm的中低海拔地区生长。抗旱和抗寒性较差，耐潮湿，但不耐长期积水。喜欢肥沃的土壤，最适宜在pH为6～7的土壤上种植。多花黑麦草含丰富的营养物质，品质优良，适口性好，各种家畜均喜采食。茎叶干物质中含蛋白质13.7%、粗脂肪3.8%、粗纤维21.3%，草质好，适宜用于青饲、调制干草、青贮和放牧，是饲养马、牛、羊、猪、禽、兔和草食性鱼类的优质饲草。多花黑麦草的主要利用价值在于生长快、分蘖力强，再生性好，产量高。多花黑麦草与红三叶、白三叶混播，可提高产量和质量，为冬春季节提供优质饲草。多花黑麦草生长期长，生长迅速，分蘖多，根系发达，刈割时间早，再生能力强，一般可刈割4～5次，亩产鲜草6～8t。

1.试验材料

特高多花黑麦草。

2.试验方法

（1）试验地点　南川大观，海拔700m，肥力中等，前茬作物红薯。

（2）栽培方式

播种时间：2020年10月9日。

播种量：每亩1.5kg（种子用价＞90%）。

播种方法：条播，行距30cm，播种深度1～2cm。

种植面积：270m²（30行，每行30m）。

（3）田间管理

施肥：每亩施腐熟农家肥1 500kg＋复合肥20kg作基肥，均匀分散并通过旋耕机翻入土中。在分蘖期、拔节期和每次刈割后，每亩追施尿素7kg。

浇水：在刈割后，根据实际情况，结合施肥浇水2次。

（4）收获测产　在3月15日、4月19日、5月21日、6月18日进行刈割，测定鲜重，前三茬留茬高度3～5cm，最后一茬齐地刈割。测产时选择能代表整个地块的样地3块，每个地块选择8行、4m行长设为固定样方，每个样方实测面积9.6m²。

3.试验结果

在较为精细管理、一个生育期内刈割4次的情况下，特高多花黑麦草的亩产量为8.04t。特高多花黑麦草生长速度快，草质柔软，叶片丰富，牛、羊、鹅等草食动物喜食，在市面上推广较多。

4.试验掠影

播 种

苗 期

田间长势

测 产

第四节　青贮玉米

青贮玉米为禾本科一年生草本植物，喜温。种子千粒重为200～350g。种子一般在6～7℃时开始发芽，但发芽缓慢，易烂种，最适萌发温度为25～30℃。土壤表层5～10cm日均温稳定在10～12℃时，为春播的适宜播期，夏播越早越好。拔节期要求日温为18℃以上，抽雄、开花期要求日温26～27℃，灌浆成熟期要求日温保持在20～24℃。单株体积大，需水多，需肥也较多。对氮的需要量远比其他禾本科作物高，钾次之，对磷的需要量较少，所以应以施氮肥为主，配合施用磷、钾肥料。土壤适宜pH为5～8，以中性土壤为好，不适宜在过酸、过碱的土壤中生长。青贮玉米因其含糖量高、适口性好，各种家畜均喜食。其植株高大，株高一般2.5～3.5m，最高可达4m。最佳收获期为籽粒的乳熟末期至蜡熟前期，此时产量最高，营养价值也最高。年产鲜草40～120t/hm²。因收获全株来制作青贮具有高产、优质、省工、节能等优势，在我国大部分地区广泛种植。重庆市畜牧技术推广总站于2018年在南川饲草试验基地开展了以下两组相关试验。

（一）4个不同青贮玉米品种的对比试验

1.试验材料

参试品种包括渝青389，雅玉青贮8号、渝青玉3号、渝青1102，对照品种为渝青玉3号。

2.试验方法

播种时间：2018年4月10日。

栽培方式：直播，行距70cm，穴距50cm，每穴播4颗种子，10行，行长5.5m。在3～5片叶时每穴定苗至2株苗。

小区设置：采用随机区组设计，4次重复。

田间管理：苗期除杂1次。

收获：在2～3个品种达到蜡熟期时收获，留茬尽量低，去边行及每行两端边株，实测小区面积25.2m^2。

测量指标：每个小区测株高（10株）、小区总玉米穗鲜重、总秸秆鲜重，随机抽2株测干鲜比及穗茎秆比例。

（二）青贮玉米3个不同密度的对比试验

1.试验材料

参试品种为渝青玉386。

2.试验方法

播种时间：2018年4月10日。

栽培方式：直播，每小区8行，行距70cm，行长6m，每穴播4颗种子。在3～5片叶时每穴定苗至目标株苗。按照以下3种密度设置处理：处理1，穴距60cm，每穴2株（每亩3 176株）；处理2，穴距50cm，每穴2株（每亩3 811株）；处理3，穴距40cm，每穴2株（每亩4 764株）。

小区设置：采用随机区组设计，每种处理设4次重复。

田间管理：苗期除杂1次。

收获：在2～3个品种达到蜡熟期时收获，留茬尽量低，去边行及每行两端边株。

测量指标：每个小区测株高（10株）、小区总玉米穗鲜重、总秸秆鲜重，随机抽2株测干鲜比及穗茎秆比例。

（三）试验结果

4个不同青贮玉米品种的对比试验结果显示，4个品种的全株亩产鲜重从高到低依次为渝青1102、渝青玉3号、渝青389、雅玉青贮8号，亩产量分别为3 231.84、3 085.80、2 910.10、2 536.12kg。渝青1102在秸秆亩产鲜重上优于对照品种渝青玉3号，待今后重复试验验证后，可作为重庆高产青贮玉米备选品种进行推广。

　　青贮玉米3个不同密度的对比试验结果显示，处理1、处理2、处理3的每亩全株鲜草产量分别为2 908.20、3 088.57、3 281.31kg。综合试验结果来看，处理3的种植方式，即穴距40cm，行距70cm，每穴保证2株有效苗，每亩4 764株的种植密度，在3个种植密度中最高产，待今后重复试验后，可作为重庆青贮玉米高产种植密度进行推广应用。

　　（四）试验掠影

定　苗

田间长势

测产专家组

刈　割

称　重

不同品种果穗对比

专家评价

第五节　红 三 叶

　　红三叶为多年生豆科牧草，一般生长期为4～5年。种子椭圆形或肾形，棕黄色或紫色，种子细小，千粒重为0.7g左右。喜温暖湿润气候，夏季温度35℃以上生长受抑制，持续高温容易造成死亡。红三叶耐湿性好，耐短时水淹，耐旱性差，在年降水量1 000～1 500mm中高地区生长良好。适宜土壤pH为6～7的中性或微酸性土壤，在土质肥沃的黏壤土上生长最佳，再生性强。红三叶营养丰富，粗纤维含量低，干物质消化率为61%～70%，干草中含粗蛋白质17.1%、粗纤维21.6%，饲养价值高。红三叶草质柔嫩，适口性好，大多家畜家禽都喜食。红三叶草地适合刈割或放牧利用。采食初期，若单一采食过量，牛、羊会发生膨胀病。红三叶适宜与禾本科的黑麦草、鸭茅、羊茅等混播，建成人工草地以便安全利用，也适合青贮、打浆等方式利用，可以饲喂牛、羊、兔、禽、鱼、猪等。

1.试验材料

巫溪红三叶。

2.试验方法

（1）试验地点　万州天城老岩，海拔700m，肥力中等，前茬作物玉米。

（2）栽培方式

播种时间：2007年9月25日。

播种量：每亩1.0kg（种子用价＞85%）。

播种方法：条播，行距30cm，播种深度0.5～1cm。

小区设置：设4个重复小区，每个小区面积15m²（长5m×宽3m），3个小区测产。

（3）田间管理

除杂：苗期根据杂草情况，于11月底和翌年2月底各除杂草1次。

施肥：每亩施腐熟农家肥1 000kg＋过磷酸钙（含P_2O_5 18%）40kg作基肥，均匀分散并通过旋耕机翻入土中。分枝期和每次刈割后，每亩追施复合肥8kg。

浇水：刈割后，根据实际情况，结合施肥浇水。

（4）收获测产　在翌年5月20日、6月28日、9月29日进行刈割，测定鲜重，留茬高度4～6cm。测产时先去掉小区两侧边行，再将余下的8行留足中间4m，然后割去两头，并移出小区（本部分不计入产量），将余下部分9.6m²刈割测产。

3.试验结果

在较为精细管理、一周年内刈割3次的情况下，巫溪红三叶的亩产量为4.59t。正常情况下，在海拔700m以上地区，能较好越夏，是适合中高海拔地区种植的优质豆科饲草。

4.试验掠影

播　种

田间长势

刘　割　　　　　　　　　　　　　测　产

第六节　饲用燕麦

　　饲用燕麦是一年生禾本科植物，可用作粮食生产也可作为饲草利用。根系发达，茎秆直立光滑，有些品种株高可以达到2m，生育期一般为85～120d，具有一定的抗旱能力，在开花及灌浆期对水分需求较大。喜凉爽但不耐寒，在优良的栽培条件下有较好产量，最喜富含腐殖质的湿润土壤，对酸性土壤有一定的适应能力。茎秆柔软，叶量丰富，适口性好，各种家畜均喜食，干物质消化率可达75%以上，营养价值较高。抽穗期收获的燕麦中，粗蛋白含量可以达到14.7%，粗纤维含量为27.4%。在重庆，适宜青饲利用或与其他饲草混合用于调制青贮产品。2018—2022年，重庆市畜牧技术推广总站在南川开展了燕麦3个不同栽培密度的对比试验及2个抗倒伏饲用燕麦品种的种植试验。

　　（一）饲用燕麦3个不同栽培密度的对比试验

　　1.试验材料
　　参试品种为梦龙燕麦。
　　2.试验方法
　　播种时间：2018年4月10日。
　　栽培方式：直播，每小区10行，行距30cm，行长5m。以每亩10kg（每行22.5g，密度一）、8kg（每行18.0g，密度二）、6kg（每行13.5g，密度三）3个不同播种量设处理，进行播种。
　　小区设置：采用随机区组设计，每个处理设3次重复。
　　田间管理：苗期除杂1次。
　　收获：在乳熟期刈割，留茬10cm，去边行及每行两端各50cm。实测小区面积9.6m²。
　　测量指标：每个小区测株高（10株）、鲜草重。
　　3.试验结果
　　本次试验田间测产时，燕麦的生育期为乳熟期，倒伏率在90%左右，很多底部叶片变黄，小部分茎秆发黄腐烂，且籽实被麻雀吃掉很多，穗上的空壳很多。

3个不同栽培密度处理的株高从高到低依次为密度一、密度三、密度二，高度分别为130.51、129.63、127.83cm；鲜重随着栽培密度的增大逐渐降低，亩产量分别为2 329.47、2 218.24、2 129.77kg。

4.试验掠影

播　种

苗期1

田间长势

乳熟期

株高测量

刈　割

（二）2个抗倒伏饲用燕麦品种的种植试验

1. 试验材料

参试品种包括爱沃126、黑玫克。

2. 试验方法

播种时间：2021年11月26日。

栽培方式：条播，行距30cm，10行，行长5m，每小区播种量为112.5g，每亩5kg。

小区设置：采用随机区组设计，每个品种设3次重复。

田间管理：苗期除杂1次。

收获：于2022年5月30日，在乳熟期收获，留茬尽量低，去边行及每行两端，中间留足4m，实测小区面积9.6m²。如遇倒伏，影响正常生长，需提前刈割测产。

测量指标：每个小区测株高（10株）、鲜草重。

3. 试验结果

试验结果显示，爱沃126、黑玫克2个品种的平均株高分别为156.65cm、184.08cm，平均亩产鲜草量分别为5.14t、4.33t。参与测产的专家组认为，2个饲用燕麦品种在减少播种量情况下表现良好、产量高，经重复试验验证后可择优推广。

4. 试验掠影

播　种　　　　　　　　　　　　　　　　出　苗

田间长势1　　　　　　　　　　　　　　田间长势2

测产现场

称　重

现场测产人员

专家组会商

第七节　拉 巴 豆

　　拉巴豆为一年生或越年生豆科草本饲草，营养价值较高，种子千粒重为250g左右，干草整株粗蛋白质含量为17%～21%，叶片的粗蛋白质含量为25%左右。茎叶等可直接用于饲喂牛、羊、鹅等草食畜禽；同时，因其茎具有缠绕性，可以与青贮玉米、饲用甜高粱等高秆饲草间作，共同收获后一起调制青饲料或是青贮，可显著提高饲草产品的蛋白质含量。2014年，重庆市畜牧技术推广总站在南川大观基地开展了拉巴豆不同留茬高度刈割、不同时期刈割探索试验。

1.试验材料
　　参试品种为润高。

2.试验方法
　　播种时间：2014年3月18日。

　　栽培方式：先播种育苗再移栽，4～5片叶时定苗至每穴1株，行距50cm，穴距20cm。

　　小区设置：不同留茬高度刈割处理安排1次重复，每小区设4行，每行10株；不同时期刈割处理安排3次重复，每小区设4行，每行10株，小区间和重复间设通道。

田间管理：苗期除杂1次。

收获：不同留茬高度刈割处理的留茬高度分别为10、25、40、55cm，共计4个处理，测第一次刈割后的再生产量；不同时期刈割处理的刈割时间分别为7月8日，7月28日、8月18日，每间隔20d刈割1次，共计3个处理，测刈割后产量。

3.试验结果

拉巴豆不同留茬高度刈割试验结果显示，对拉巴豆进行不同留茬高度的刈割，其再生结果有差异。低于10cm，拉巴豆再生产量低或者不会再生，随着留茬高度的增加，拉巴豆的再生产量升高，刈割高度在15～40cm既可以保证拉巴豆再生又可以保证其再生后的产量。但本次试验未设置重复，数据有待进一步验证。

拉巴豆不同时期刈割试验结果显示，同一留茬高度不同时间刈割对拉巴豆的再生影响不大。基本上，在留茬10cm的基础上刈割1次以后，拉巴豆再生性差，甚至死亡，不会有实际产量；越晚刈割拉巴豆产量最高。但是，本次试验数据重复间的差距很大。

4.试验掠影

苗期1

苗期2

刈割后再生情况1

刈割后再生情况2

不同时期刈割长势1

不同时期刈割长势2

第四章

生产示范

第一节 关键年份的牧草生产示范

一、2009年牧草生产示范

随着生猪价格波动剧烈、重庆畜牧业结构调整和现代农业、现代畜牧业生产发展的需要以及畜禽健康养殖等工作的推进，加快草食畜禽的发展已经成为大家的共识。建立饲草饲料基地，开展优质牧草种植利用技术示范，对于进一步探索、完善种草养畜技术，增进和加强各级各部门对优良牧草种植利用工作的了解和重视，促进全市草食畜禽的健康、稳定发展等，具有重要作用。

2009年在丰都、石柱、渝北等区域，通过净作、混播、轮作等方式种植示范黑麦草、鸭茅、皇竹草、牛鞭草、青贮玉米等165.73hm^2。

黑麦草刈割草地生产示范（石柱大麻坪）

放牧草场生产示范（石柱千野草场）

皇竹草种植示范（丰都包鸾）

牧旅结合饲草种植示范（武隆仙女山）

牛鞭草种植示范（渝北）

白三叶改良草地种植示范（酉阳小坝）

二、2010年牧草生产示范

2010年，按照《重庆市财政局关于下达2010年市级农发资金计划的通知》（渝财农〔2010〕62号）和《重庆市财政局关于下达2010年畜牧专项资金预算的通知》（渝财农〔2010〕328号）文件精神，在南川大观租地2hm²，建成集牧草高产示范、优质牧草展示与评价、牧草区域试验于一体的重庆市牧草试验示范基地，展示优良牧草品种25个；通过草品种的展示、评价与示范，初步筛选出适合重庆当前畜牧业发展特点的牧草品种——特高多花黑麦草、巫溪红三叶、游客紫花苜蓿、大力士甜高粱等6个品种。在丰都包鸾、名山，酉阳毛坝、木叶等草食牲畜饲养重点区域，示范种植优质牧草125.33hm²。

人工草场（丰都包鸾）

冬闲田黑麦草种植示范（丰都）

紫花苜蓿种植示范（酉阳）

饲用甜高粱种植示范（西阳）

饲用甜高粱＋拉巴豆种植示范
（渝北统景）

集牧草高产示范、优质牧草展示与
评价、牧草区域试验于一体的重庆市
牧草试验示范基地（南川大观）

三、2011年牧草生产示范

按照《重庆市财政局关于下达2010年优势特色产业项目市级补助资金预算的通知》（渝财农〔2010〕479号）文件精神，在合川、渝北等地累计示范种植青贮玉米139.33 hm^2，其春季亩产量达到了4.105t，秋季亩产量达1.967t，双季亩产达6.072t。因地制宜，指导各养殖企业、养殖户，根据草食牲畜饲养规模等实际情况，利用种植的青贮玉米和现有的青贮加工机械、青贮池（壕）等设施设备，年度示范加工贮存草料1 610t。总结了一套适合重庆地区的青贮玉米双季高产栽培技术，建立了一套青贮玉米全株加工利用的技术体系，探索出一条全株青贮玉米产业化模式，取得了良好的经济效益。

青贮玉米种植示范（合川太和）

青贮玉米种植示范基地（合川）

青贮玉米种植示范基地（渝北茨竹）

全株青贮玉米加工示范（合川）

青贮玉米栽培及加工技术培训

四、2013年牧草生产示范

2013年，引进并在南川牧草示范基地等地展示杂交狼尾草、黑麦草、紫花苜蓿、红三叶、白三叶、青贮玉米、饲用甜高粱等优质饲草品种10个，促进优质饲草品种和生产技术推广。同时，在草食牲畜饲养重点区域，指导示范种植优质饲草133.33 hm²，建设优质饲草生产利用示范基地3个。推广种植饲草66.67 hm²，指导当地利用种植的饲草养殖草食牲畜4 000个牛单位*。开展饲草生产示范及加工利用技术培训7期，进一步提升优质饲草生产及加工利用技术标准化水平。

饲用甜高粱种植示范

大力士甜高粱种植示范（丰都）

高山放牧场黑麦草＋白三叶种植示范（南川）

---

*　一个牛单位是指体重450kg的牛所需要的牧草消耗量。

冬闲田多花黑麦草种植示范（酉阳）

人工草地黏虫防治技术示范（武隆）

优质饲草青贮加工技术示范（酉阳）

技术培训（丰都）

技术培训（南川）

技术培训（武隆）

五、2015年牧草生产示范

2015年，在南川大观牧草试验基地，开展了饲用甜高粱、拉巴豆、杂交狼尾草等10个优质饲草品种的展示、测定和评价试验。在巫溪、武隆、丰都等草食牲畜重点饲养区域，示范种植、利用饲用甜高粱、饲用（青贮）玉米、黑麦草、皇竹草、红三叶等优质牧草和高产饲用作物70.67hm²，通过企业进行饲草生产，利用示范基地的带动作用，帮助当地草食牲畜养殖企业（户）较好地解决了草食牲畜养殖中饲草四季供应不均的问题。同时，举办技术培训5期，累计培训220人次，编制并发放技术资料1120份（册），进一步提升草牧业生产经营主体的技术水平。

大力士甜高粱密作试验示范

4个狼尾草属饲草作物品种的引进与试验示范

黑麦草种植示范（巫溪）

饲用甜高粱种植示范（城口）

饲用甜高粱宽窄行种植示范（酉阳）

青贮玉米种植示范（武隆）

饲用甜高粱种植示范

饲用甜高粱订单生产示范（丰都）

技术培训（重庆）

技术培训（巫溪）

技术培训（酉阳）

技术培训（城口）

六、2016年牧草生产示范

按照《重庆市农业委员会关于下达2016年产业链技术支撑项目建设任务的通知》（渝农发〔2016〕127号）文件精神，在南川牧草试验基地展示、评价了饲用甜高粱、拉巴豆、牛鞭草、杂交狼尾草等饲草品种，并在此基础之上开展了6个不同甜高粱品种的对比试验、甜高粱4个不同栽培密度的对比试验、3个不同栽培密度的甜高粱间作拉巴豆对比试验、4个狼尾草属饲草品种的对比试验。筛选出适合重庆种植且产量较高的甜高粱饲草品种3个，分别是海牛、美洲巨人、光明星；象草类饲草品种——台湾甜象草和狼尾草属饲草品种——杂交狼尾草。同时，在大足、南川、武隆、丰都等地的养殖场（户）饲草种植地进行了较大面积的栽培种植示范，指导示范种植甜高粱、饲用（青贮）玉米、皇竹草等优质饲草 1 333hm^2 以上，推进了优质饲草规模化生产进程。

白三叶试验示范

梦龙燕麦试验示范

苦荬菜试验示范

6个不同甜高粱品种的试验示范

狼尾草属饲草作物试验示范

冬闲田多花黑麦草种植示范（武隆）　　　　　饲用甜高粱种植示范（大足）

杂交狼尾草种植示范（丰都许明寺）　　　　　籽粒苋种植示范（合川）

技术培训（重庆）　　　　　　　　　　技术培训（涪陵）

技术培训（奉节）　　　　　　　　　　　技术培训（武隆）

七、2017年牧草生产示范

2017年中央1号文件要求加快供给侧结构性改革，统筹调整粮经饲种植结构。扩大饲料作物种植面积，大力培育现代饲草料产业体系。加快适宜机械化生产、优质高产多抗广适新品种选育。加强草食畜牧业、智慧农业等科技研发。加快研发适宜丘陵山区、设施农业、畜禽养殖的农机装备。优化农业产业体系、生产体系、经营体系，提高土地产出率、资源利用率、劳动生产率，促进农业农村发展向追求绿色生态可持续、更加注重满足质的需求转变。

为全面落实好中央1号文件精神，重庆决定加快全市农业供给侧结构性改革、促进一二三产业融合和"接二连三"产业发展，大力发展草牧业。重庆根据《关于2017年市级部门预算批复的通知》（渝财预〔2017〕6号）、《关于2017年部门预算批复的通知》（渝农发〔2017〕65号）、《关于实施2017年预算内项目（第一批）的通知》（渝牧发〔2017〕38号）等文件精神，首次组建由高校、科研院所、技术推广机构等部门和典型草牧业企业等组成的草业工程技术专家委员会，优化重庆市优质饲草试验基地建设。建成"草牧业融合发展示范基地"和"饲草生产技术示范基地"各1个，建设基地面积133hm^{2}以上，建设试验青贮窖1个（100m^3）。筛选高产优质饲草品种和先进种植技术，完成饲用甜高粱、拉巴豆、牛鞭草等高产优质饲草品种展示、评价试验10个。首次完成梦龙燕麦大面积晚播（12月）生产示范，集成"饲用甜高粱＋燕麦轮作"模式。开展饲草机械化生产和丘陵地区宜机土地整理整治试验。全面提升企业的优良品种选择和适宜新型技术应用水平，加快优质牧草和高产饲用作物在重庆的发展速度，为重庆草牧业发展和"种养加"深度融合奠定扎实基础。

饲草机械化生产技术研讨会

饲草种植利用技术示范基地的建成

草牧业融合发展示范基地的建成

饲用燕麦晚播（12月播种）生产示范长势情况
（翌年4月）

饲草机械化生产示范——土地宜机化整治

饲草机械化生产示范——耕地

饲草机械化生产示范——收割

饲草机械化生产示范——青贮加工

八、2019年牧草生产示范

根据《重庆市农业农村委员会关于2019年部门预算批复的通知》（渝农发〔2019〕27号）的文件精神，结合南方现代草地畜牧业推进行动，在支持重庆市草业工程中心技术研究中心试验示范基地试验示范工作开展基础上，继续开展饲用甜高粱高产示范及杂交狼尾草等优质饲草生产示范基地建设工作。

饲用甜高粱高产示范（合川）

杂交狼尾草高产示范（永川）

杂交狼尾草高产示范（江津）

杂交狼尾草高产示范（秀山）

杂交狼尾草高产示范（酉阳）

九、2021年牧草生产示范

按照《重庆市财政局关于2021年市级部门预算批复的通知》（渝财预〔2021〕9号）、《重庆市农业农村委员会关于2021年部门预算批复的通知》（渝农〔2021〕7号）文件精神，在维持重庆南川大观的重庆市饲草试验基地运转同时，开展饲草生产试验示范，试验示范种植杂交狼尾草、饲用甜高粱、饲用燕麦及青贮玉米＋大豆等优质饲草，提高优质、高产饲草的标准化程度和覆盖率。

青贮玉米＋大豆复合种植示范（酉阳）

饲用燕麦高产示范（合川）

杂交狼尾草高产示范（北碚）

饲用甜高粱高产示范（丰都）

第二节　草业生产典型案例

一、专业订单种草的企业案例

　　丰都县大地牧歌农业发展有限公司（以下简称大地牧歌）是南方丘陵地区饲草专业化生产的典范。大地牧歌成立于2015年2月，注册资本5 200万元，紧紧围绕"牧草研发、牧草种植、饲料加工、高档肉牛养殖、粪污综合利用、市场销售"的发展思路，以草产业为核心，拟打造"草畜一体化"循环经济产业。以研发、种植、养殖、农产品加工和销售为主营业务，在丰都许明寺整体流转土地267hm²以上，用于牧草基地建设。现已投资4 000余万元，完成土地宜机化整治、生产道路建设、沟渠改造等基础设施建设，购置20多台（套）农机设备，建成200hm²宜机化人工牧草基地，已连片种植牧草167hm²以上，年生产商品草15 000余t，销往周边区（县）及湖北、四川等地。主要种植品种：杂交狼尾草、甜高粱、青贮玉米渝青玉3号。示范种植了杂交甜象草、紫象草、桂牧1号等优质高产饲草品种，开展其产草量、营养成分的测定及比较，测定饲草中粗蛋白等主要营养成分的含量，通过综合评定及市场需求，筛选适宜机械收割的牧草品种。

大地牧歌已成为重庆及周边地区规模最大的牧草种植基地，并荣获"重庆市农业产业化市级龙头企业""重庆市饲草种植利用示范基地""重庆市丘陵山区高标准农田宜机化土地整理整治试验示范基地"等称号。

土地宜机化整治

饲草规模化种植

饲草机械化收割与加工

饲草产品

二、种养加结合生产的企业案例

重庆荣豪农业发展有限公司（以下简称荣豪公司）是现代草牧业全产业链循环经济发展典范。荣豪公司以肉牛为重点，以牧草种植为保障，以规模化养殖为突破口，以增加加工效益为目标，依靠政策引导、科技推动、市场拉动，发展全产业链。荣豪公司成立于2010年5月，位于合川肖家镇，注册资金为2 100万元，由归国华侨投资兴建，计划总投资2亿元。已建成年出栏5 000余头的现代化良种肉牛繁育基地，其中高档肉牛优良品种扩繁基地3 000 m^2，现代化肉牛育肥基地8 000 m^2；种植黑麦草、甜高粱等牧草53.33 hm^2；拥有全混合日粮（TMR）机械、自动发料车等系列饲喂设施设备，粪污收集、粪污转移设备，牧草收割、打包、青贮设备，是集规模化、机械化、信息化和产业化于一体的大型肉牛产业基地。大力推广"畜－沼－草"复合生态型、"秸秆－饲料－畜－草"农牧特结合型养殖模式，以地定畜、种养结合、生态养殖，实现畜牧生产与资源环境承载能力相匹配的生态环保型养殖模式。

荣豪公司通过建设优良品种生产体系、规模化屠宰深加工、品牌化经营，实现了现代化农业全产业链创新；通过走"公司＋基地＋合作社＋农户＋市场"的运营模式，实现区域经济、企业及农民共同盈利；通过规模化生产加工，实现优质农产品升级增值和产业的可持续发展。

饲草种植基地

肉牛标准化养殖

生态牧场

优质牛肉产品

三、草牧旅融合发展的企业案例

重庆市泰丰畜禽养殖有限公司（以下简称泰丰公司）是喀斯特地貌地区天然草地改良＋放牧＋旅游发展的典范。成立于2013年，公司驻地为武隆巷口黄金村大燕窝，距武隆城区6.5km，毗邻仙女山国际旅游度假区，海拔850m，气候适宜。泰丰公司本着"自然生态、多产融合、绿色循环、持续发展"的经营理念，以生态农业为轴心，把草地改良、山羊放牧、餐饮住宿、休闲娱乐、旅游会议、农事体验等产业构建成相互依存、相互转化、互为资源的循环系统。投资2 500万元，改良66.67 hm² 天然草地、建33.33hm²特色水果种植基地、1 000只山羊养殖基地、3.33 hm² 的花木苗圃基地；建设能同时容纳500人就餐、100人住宿、150人会议的生态农庄，建有放牧场观光亭、烤羊场、免费露天歌城、夜景灯饰赏、休闲步道等乡村旅游设施。将养殖业、种植业、加工业、商业、乡村旅游业多业融合，解决农副产品销售难、成本高的问题，解决乡村旅游产品看不到销路、体验不到农事、吃不到绿色放心食品等问题。以乡村旅游带动，实现农副产品就地加工、就地消费、就地销售等，一二三产业互为利用。年接待游客2万余人，年消费山羊3 000余只。同时，泰丰公司还组建了武隆区博航畜禽养殖专业合作社，带动全区山羊规模养殖，设置高于市场价格的山羊收购保护价，解决公司周边30余农户、10多户贫困户的增收问题。下一步拟通过大燕窝生态农庄和云上牧羊谷观光旅游项目的规划，打造儿童乐园、室内歌城、悬崖餐厅、露营基地、登山步道、亭、台、楼、阁、塔、夜景灯饰等配套设施，扩大种植、养殖规模，提升接待设施档次，力争打造成为重庆地区知名的绿色生态农庄，建成重庆最美山羊场。

草牧旅融合发展一角

天然牧羊谷

生态旅游——住宿

生态旅游——餐饮

第五章

主导品种与主推技术

一、2012年主导品种与主推技术

主导品种（10种）：黑麦草、扁穗牛鞭草、鸭茅、高丹草、涪陵十字马唐、杂交狼尾草、紫花苜蓿、三叶草、青贮玉米、饲用甜高粱。

主推技术：种草养畜综合配套技术、农作物秸秆养畜综合利用技术。

二、2013年主导品种与主推技术

主导品种（8种）：黑麦草、扁穗牛鞭草、杂交狼尾草、紫花苜蓿、红三叶、白三叶、青贮玉米、饲用甜高粱。

主推技术：种草及农作物秸秆养畜技术。

技术要点：优质高产牧草及饲用作物种植，青干草调制利用，青贮料加工利用，玉米秸秆、豆类秸秆、藤蔓、稻草等农作物秸秆饲料化利用。

三、2014年主导品种与主推技术

主导品种（8种）：一年生黑麦草、扁穗牛鞭草、杂交狼尾草、紫花苜蓿、三叶草、拉巴豆、青贮玉米、饲用甜高粱。

主推技术：饲草种植及农作物秸秆加工利用技术。

技术要点：优质牧草及饲用作物高产种植，青干草调制利用，青贮料加工利用，玉米秸秆、豆类秸秆、藤蔓、稻草等农作物秸秆饲料化利用。

四、2015年主导品种与主推技术

主导品种（7种）：一年生黑麦草、杂交狼尾草、紫花苜蓿、白三叶草、红三叶草、青贮玉米、饲用甜高粱。

主推技术：饲草种植及非粮饲料加工利用技术。

技术要点：优质牧草及饲用作物高产种植，青草干草调制，青贮料加工，秸秆、藤蔓、糟渣等饲料化利用。

五、2016年主导品种与主推技术

主导品种（9种）：饲用甜高粱、青贮玉米、王草、多花黑麦草、鸭茅、高丹草、红三叶、白三叶、紫花苜蓿。

主推技术：饲草料种植及加工利用技术。

技术要点：推行粮-饲（草）间、套、轮作模式，饲草料机械化、设施化种植、收割及青贮料加工利用技术等。

六、2018年主导品种与主推技术

主导品种（11种）：饲用玉米、饲用甜高粱、狼尾草、高丹草、多花黑麦草、鸭茅、燕麦、扁穗牛鞭草、红三叶、白三叶、紫花苜蓿。

主推技术：饲草规模化生产技术、饲草料加工利用技术。

饲草规模化生产技术要点：农牧融合，农机、农艺结合；土地宜机化整治，适度规模种植优质牧草及饲用作物，草畜配套，利用饲草发展草食畜牧业，实现循环发展。

饲草料加工利用技术要点：青贮窖标准化建设，青贮料加工利用，青干草调制利用，玉米秸秆、豆类秸秆、藤蔓、稻草等农作物秸秆饲料化利用。

七、2019年主导品种与主推技术

主导品种（10种）：饲用玉米、饲用甜高粱、杂交狼尾草、高丹草、多花黑麦草、鸭茅、燕麦、扁穗牛鞭草、红三叶、白三叶。

主推技术：饲草规模化生产技术、饲草料加工利用技术

饲草规模化生产技术要点：农牧融合，农机、农艺结合；土地宜机化整治，适度规模种植优质牧草及饲用作物，草畜配套，利用饲草发展草食畜牧业，实现循环发展。

饲草料加工利用技术要点：青贮窖标准化建设，青贮料加工利用，青干草调制利用，玉米秸秆、豆类秸秆、藤蔓、稻草等农作物秸秆饲料化利用。

八、2020年主导品种与主推技术

主导品种（10种）：饲用玉米、饲用甜高粱、杂交狼尾草、高丹草、多花黑麦草、鸭茅、燕麦、扁穗牛鞭草、红三叶、白三叶。

主推技术：饲草规模化生产技术、饲草料加工利用技术。

饲草规模化生产技术要点：农牧融合，农机、农艺结合；土地宜机化整治，适度规模种植优质牧草及饲用作物，草畜配套，利用饲草发展草食畜牧业，实现循环发展。

饲草料加工利用技术要点：青贮窖标准化建设，青贮料加工利用，青干草调制利用，玉米秸秆、豆类秸秆、藤蔓、稻草等农作物秸秆饲料化利用。

九、2022年主导品种与主推技术

主导品种（10种）：饲用玉米、饲用甜高粱、杂交狼尾草、高丹草、多花黑麦草、鸭茅、燕麦、扁穗牛鞭草、红三叶、白三叶。

主推技术：优质牧草高效生产技术、饲草料加工利用技术。

优质牧草高效生产技术要点：农牧融合，农机农艺结合；土地宜机化整治，筛选优质适宜牧草品种，开展适宜规模种植，草畜配套，利用饲草发展牛、羊产业。

饲草料加工利用技术要点：青贮窖标准化建设，青贮料加工、储存，青干草调制利用，玉米秸秆、豆类秸秆等农副资源饲料化利用。

第六章

成果展示

成果共有6类，主要包括省部级奖项的获得、重庆市地方标准的制定、主编或参编图书的出版，论文的发表、国家发明专利或实用新型专利的获得以及收到的来自全国畜牧总站的表扬信等。

第一节　获科技类奖项

共获科技类奖项6项（表6-1），其中，重庆市科学技术奖2项（图6-1），共包含4人次获奖和1个单位奖，其中，尹权为2项，刘学福1项，陈东颖1项，重庆市畜牧技术推广总站1项；全国农牧渔业丰收奖4项（图6-2），共包含10人次获奖和4个单位奖，其中，尹权为4项，李发玉3项，刘学福1项，陈东颖2项，重庆市畜牧技术推广总站4项。

表6-1　单位及个人获奖情况

序号	奖项等级	奖励类别	成果名称	奖励等级	获奖单位／人（部分）
1	2014年重庆市科学技术奖	技术发明奖	微贮牧草技术研发推广	三等奖	刘学福、尹权为
2	2018年重庆市科学技术奖	科技进步奖	重庆优良牧草种质资源收集、评价及利用	二等奖	重庆市畜牧技术推广总站，尹权为、陈东颖
3	2008—2010年全国农牧渔业丰收奖	农业技术推广成果奖	重庆市牛羊标准化养殖技术推广	三等奖	重庆市畜牧技术推广总站，尹权为
4	2011—2013年全国农牧渔业丰收奖	农业技术推广成果奖	优质饲草生产及加工利用技术推广	三等奖	重庆市畜牧技术推广总站，李发玉、刘学福、尹权为
5	2014—2016年全国农牧渔业丰收奖	农业技术推广成果奖	重庆市山羊标准化规模养殖技术示范与推广	三等奖	重庆市畜牧技术推广总站，李发玉、尹权为、陈东颖
6	2016—2018年全国农牧渔业丰收奖	农业技术推广成果奖	饲草高效生产及养畜配套技术集成推广	三等奖	重庆市畜牧技术推广总站，尹权为、陈东颖、李发玉

图6-1　重庆市科学技术奖证书（共2项）

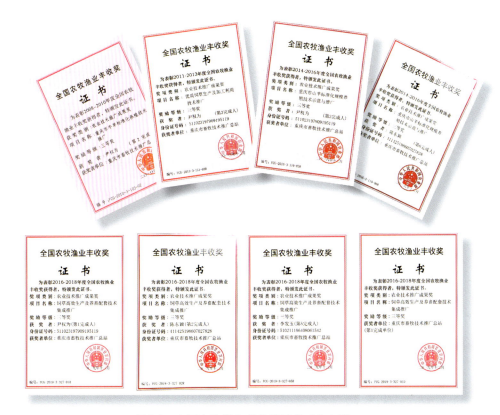

图6-2　全国农牧渔业丰收奖证书（共4项）

第二节　制定标准

制定重庆市地方标准23项（表6-2），分别为《红三叶栽培技术规范》《皇竹草机械化生产技术规范》《皇竹草种植技术规范》《肉牛标准化规模养殖场建设规范》《甜高粱种植技术规范》《玉米全株青贮技术规范》《多花黑麦草种植技术规范》《鸭茅种子生产技术规程》《渝东黑山羊种公羊饲养管理技术规范》《多花黑麦草种子生产技术规程》《苇状羊茅种植技术规范》《高丹草种植技术规范》《青贮饲料品质鉴定》《象草种植技术规范》《渝东黑山羊种母羊饲养管理技术规范》《育肥牛饲养管理技术规范》《渝东黑山羊》《草地牧草资源调查技术规范》《饲用籽粒苋栽培技术规范》《肉牛家庭农场建设技术规范》《山羊断奶羔羊育肥饲养管理技术规范》《山羊家庭农场建设技术规范》《饲用甜高粱与多花黑麦草轮作技术规范》（图6-3）。其中，李发玉主持或参与起草标准14项，尹权为23项，刘学福5项，陈东颖7项，吴梅1项（图6-4）。

表6-2　标准制定情况

序号	名称	起草人（部分）
1	红三叶栽培技术规范 (DB50/T 422—2011)	尹权为、李发玉、刘学福
2	皇竹草机械化生产技术规范 (DB50/T 1103—2011)	尹权为、李发玉、陈东颖、刘学福
3	皇竹草种植技术规范 (DB50/T 398—2011)	尹权为
4	肉牛标准化规模养殖场建设规范 (DB50/T 421—2011)	李发玉、尹权为
5	甜高粱种植技术规范 (DB50/T 399—2011)	尹权为
6	玉米全株青贮技术规范 (DB50/T 483—2012)	尹权为、李发玉、刘学福、陈东颖
7	多花黑麦草种植技术规范 (DB50/T 476—2012)	尹权为
8	鸭茅种子生产技术规程 (DB50/T 478—2012)	尹权为
9	渝东黑山羊种公羊饲养管理技术规范 (DB50/T 484—2012)	李发玉、尹权为
10	多花黑麦草种子生产技术规程 (DB50/T 550—2014)	尹权为
11	苇状羊茅种植技术规范 (DB50/T 551—2014)	尹权为
12	高丹草种植技术规范 (DB50/T 736—2016)	尹权为

（续）

序号	名称	起草人（部分）
13	青贮饲料品质鉴定 （DB50/T 669—2016）	尹权为、李发玉、刘学福、陈东颖
14	象草种植技术规范 （DB50/T 737—2016）	尹权为
15	渝东黑山羊种母羊饲养管理技术规范 （DB50/T 671—2016）	李发玉、尹权为
16	育肥牛饲养管理技术规范 （DB50/T 740—2016）	李发玉、尹权为
17	渝东黑山羊 （DB50/T 352—2019）	李发玉、尹权为
18	草地牧草资源调查技术规范 （DB50/T 1028—2020）	尹权为
19	饲用籽粒苋栽培技术规范 （DB50/T 997—2020）	尹权为、李发玉、陈东颖
20	肉牛家庭农场建设技术规范 （DB50/T 1150—2021）	李发玉、尹权为
21	山羊断奶羔羊育肥饲养管理技术规范 （DB50/T 1101—2021）	李发玉、尹权为、陈东颖
22	山羊家庭农场建设技术规范 （DB50/T 1144—2021）	李发玉、尹权为、陈东颖
23	饲用甜高粱与多花黑麦草轮作技术规范 （DB50/T 1299—2022）	陈东颖、尹权为、李发玉、刘学福、吴梅

图6-3 主持或参与起草的标准封面

图6-4　主持或参与起草的标准前言页

第三节　出版图书

　　共出版图书9种（表6-3），包括《国家草品种区域试验十年回顾与进展》《重庆饲草高效生产及加工调制技术》《草业良种良法配套手册2019》《重庆草业统计2018—2019》《草业良种良法配套手册2020》《高效养羊实用技术手册》《牛羊家庭农场养殖技术》《中国审定登记草品种集（1987—2020）》《重庆草业2020》（图6-5）。其中，李发玉主编或参编6部，尹权为参与编写5部，刘学福参与编写2部，陈东颖参与编写9部（图6-6）。另外，已完成《重庆草业2021》和《重庆草业2022》2部图书的编撰工作，正在由中国农业出版社出版。

表6-3　图书出版情况

序号	图书名称	出版年份	出版单位	编写人员（部分）
1	国家草品种区域试验十年回顾与进展	2019	中国农业出版社	李发玉、陈东颖
2	重庆饲草高效生产及加工调制技术	2019	中国农业出版社	尹权为、李发玉、陈东颖
3	草业良种良法配套手册2019	2020	中国农业出版社	陈东颖
4	重庆草业统计2018—2019	2020	西南师范大学出版社	尹权为、李发玉、陈东颖
5	草业良种良法配套手册2020	2021	中国农业出版社	陈东颖
6	高效养羊实用技术手册	2021	重庆出版社	尹权为、刘学福、李发玉、陈东颖
7	牛羊家庭农场养殖技术	2021	中国农业出版社	李发玉、尹权为、陈东颖
8	中国审定登记草品种集	2022	中国农业出版社	陈东颖
9	重庆草业2020	2022	中国农业出版社	尹权为、刘学福、李发玉、陈东颖

图6-5 已出版图书的封面

图6-6 已出版图书的编写人员页

第四节 发表论文

发表论文15篇（表6-4），包括《干旱胁迫下扁穗牛鞭草叶片含水量相关指标的变化研究》《狗牙根种质资源在渝西地区的生态适应性评价》《重庆地区饲用高粱属作物品种筛选》《重庆市场鸡蛋中重金属和药物残留情况分析》《重庆地区青贮玉米品种筛选》《新型的饲料添加剂——苜蓿皂苷》《重庆市草地资源保护与利用策略》《重庆市草种生产经营、草产业发展现状及建议》《5个高粱属饲草品种在重庆开州种植试验初报》《重庆市草种推广现状、问题及建议》《不同种植密度对饲用甜高粱第一茬生产性能影响研究初报》《不同种植密度对饲用甜高粱生产性能的影响》《6个高粱属饲草在重庆市的种植试验研究初报》《重庆市肉牛产业发展现状、问题及建议》《重庆市山羊产业发展现状、问题及建议》（图6-7）。其中，李发玉发表或参与发表10篇，尹权为14篇，陈东颖10篇，刘学福4篇，吴梅2篇。

表6-4 论文发表情况

序号	名称	时间	发表人员（部分）
1	干旱胁迫下扁穗牛鞭草叶片含水量相关指标的变化研究	2009	尹权为、李发玉
2	狗牙根种质资源在渝西地区的生态适应性评价	2009	尹权为
3	重庆地区饲用高粱属作物品种筛选	2010	尹权为
4	重庆市场鸡蛋中重金属和药物残留情况分析	2011	尹权为
5	重庆地区青贮玉米品种筛选	2013	尹权为
6	新型的饲料添加剂——苜蓿皂苷	2014	陈东颖
7	重庆市草地资源保护与利用策略	2014	李发玉、尹权为、刘学福、陈东颖
8	重庆市草种生产经营、草产业发展现状及建议	2015	陈东颖、李发玉、刘学福、尹权为
9	5个高粱属饲草品种在重庆开州种植试验初报	2018	陈东颖、李发玉、尹权为
10	重庆市草种推广现状、问题及建议	2018	陈东颖、李发玉、尹权为
11	不同种植密度对饲用甜高粱第一茬生产性能影响研究初报	2019	陈东颖、尹权为、李发玉
12	不同种植密度对饲用甜高粱生产性能的影响	2019	陈东颖、李发玉、尹权为
13	6个高粱属饲草在重庆市的种植试验研究初报	2021	陈东颖、李发玉、尹权为
14	重庆市肉牛产业发展现状、问题及建议	2022	陈东颖、尹权为、刘学福、吴梅、李发玉
15	重庆市山羊产业发展现状、问题及建议	2022	陈东颖、尹权为、刘学福、吴梅、李发玉

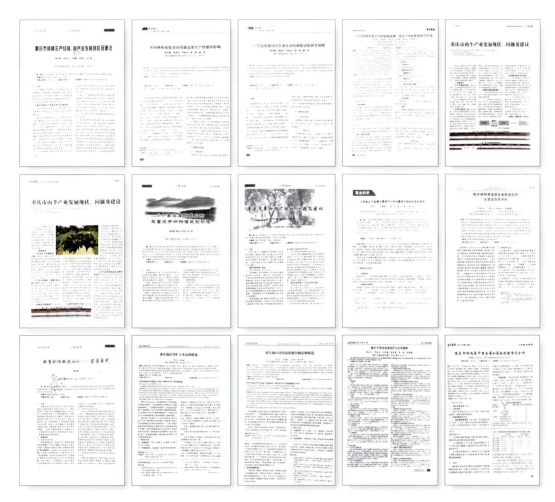

图6-7 发表论文的扫描页

第五节　获得专利

　　获得专利12项（表6-5），包含7项实用新型专利和5项发明专利，分别为一种用于田间试验中精确播种的定距绳，一种家庭肉牛场，一种羊舍用饲喂栅栏，一种用于草地监测的样方装置，一种草地监测标识装置，一种保温羊舍，一种气象仪防鸟装置，一种促进鸭茅种子发芽的方法，一种提高鸭茅种子发芽率的方法，一种简单有效促进种子发芽的方法，促种子发芽的方法，一种采用青霉素浸种的方法（图6-8）。其中，李发玉参与发明5项，尹权为参与发明12项，刘学福参与发明1项，陈东颖参与发明7项，吴梅参与发明2项（图6-9）。

表6-5　个人获得专利情况

序号	类型	名称	授权时间	发明人（部分）
1	实用新型专利	一种用于田间试验中精确播种定距绳	2021	陈东颖、尹权为、李发玉
2	实用新型专利	一种家庭肉牛场	2021	尹权为、陈东颖、李发玉
3	实用新型专利	一种羊舍用饲喂栅栏	2021	尹权为、李发玉、陈东颖
4	实用新型专利	一种用于草地监测的样方装置	2021	尹权为、李发玉、陈东颖
5	实用新型专利	一种草地监测标识装置	2021	尹权为、李发玉、陈东颖
6	实用新型专利	一种保温羊舍	2023	尹权为、陈东颖、刘学福、吴梅
7	实用新型专利	一种气象仪防鸟装置	2023	尹权为、陈东颖、吴梅
8	发明专利	一种促进鸭茅种子发芽的方法	2013	尹权为
9	发明专利	一种提高鸭茅种子发芽率的方法	2014	尹权为
10	发明专利	一种简单有效促进种子发芽的方法	2014	尹权为
11	发明专利	促种子发芽的方法	2014	尹权为
12	发明专利	一种采用青霉素浸种的方法	2014	尹权为

图6-8　专利证书扫描页

图6-9　专利证书发明人页扫描件

附录一　国家草品种区域试验重庆点掠影

2008 年

红三叶　　　　　　　　　　鸭　茅

耕　地　　　　　　　　　　整　地

播种后的小区　　　　　　　移　栽

鸭茅生育期观察

鸭茅苗期观察

鸭茅株高测定

红三叶称重

草品种试验技术培训会

2009年

区试基地（渝北统景合理）

马蹄金

鸭　茅

整　地

马蹄金移栽

播　种

人工除草

鸭茅出苗观察

马蹄金观察

马蹄金测定

马蹄金叶片宽度测定

马蹄金密度测定

草品种区域试验工作会

草品种区域试验工作汇报会

国家草品种区域试验专家组现场留影

国家草品种区域试验专家现场检查指导

时任站长及渝北站领导等在区域试验基地现场检查指导

站分管领导检查指导

2010年

区域试验基地（渝北统景合理）

区域试验基地（南川大观龙川）

马蹄金

鸭　茅

高丹草

开　沟

整 地

除 杂

播 种

施 肥

插标识牌

田间观察

鸭茅株高测定

鸭茅称重

刈割测产

马蹄金测定

时任重庆市农业委员会分管领导等检查指导

时任主管部门、站领导等检查指导

2011年

区域试验基地（渝北统景合理）

区域试验基地（南川大观龙川）

谷　稗

鸭　茅

草坪草

耕　地

播　种

移　苗

刈割后施肥

除　草

浇水抗旱

田间观察

田间观察

刈割测产

马蹄金观测

鸭茅株高测定

谷稗称重

谷稗株高测定

大旨草称重

黑麦草测产

专家参观合影

国家区域试验工作考核组专家现场查看

草品种区域试验工作汇报

与国家区域试验工作考核专家等合影

2012年

区域试验基地（渝北统景合理）

区域试验基地（南川大观龙川）

谷　稗

紫花苜蓿

鸭　茅

苇状羊茅人工除草

整　地

播　种

大刍草移栽

草坪草越冬情况观察

田间观察

称重取样

刈割测产

红三叶称重

谷稗称重

谷稗株高测定

鸭茅称重

大刍草株高测定

2013年

区域试验基地（南川大观龙川）

区域试验基地（南川大观云雾）

红三叶

鸭茅

苇状羊茅

鹅观草

整　地　　　　　　　　　　　　　　　播　种

除　草　　　　　　　　　　　　　　　施　肥

田间观察　　　　　　　　　　　　　　田间观察

红三叶称重

株高测定

苇状羊茅称重

取　样

区域试验考核工作汇报

国家区域试验工作考核组专家等留影

2014年

区域试验基地（南川大观龙川）　　　　　区域试验基地（南川大观云雾）

苇状羊茅　　　　　　　　　　　　　　　鹅观草

鸭茅　　　　　　　　　　　　　　　　　整地

播　种

越夏桩设定

田间观察

数据记录

确定红三叶测产小区面积

苇状羊茅株高测定

2015年

区域试验基地（南川大观龙川）

区域试验基地（南川大观云雾）

苦荬菜

美丽胡枝子

移　栽

扦　插

育苗床浇水

育苗棚

田间观察

甜高粱称重

苇状羊茅刈割测产

调试气象设备

2016年

区域试验基地（南川大观云雾）

燕　麦

分　种

出苗情况观察

苦荞菜测产

重庆市畜牧（饲草）人员参观试验基地

2017年

区域试验基地（南川大观云雾）

燕麦（一）

紫花苜蓿

美丽胡枝子

燕麦（二）

整　地

播　种

美丽胡枝子移苗　　　　　田间观察（一）　　　　　田间观察（二）

美丽胡枝子移栽　　　　　　　　　高丹草测产

全国畜牧总站专家指导　　　　　专家指导治疗病虫害留影

2018 年

区域试验基地（南川大观云雾）

美丽胡枝子

扁穗雀麦

多花黑麦草

紫花苜蓿

燕　麦

马蹄金移栽

整　地

播　种

田间观察

刈割测产

专家指导留影

2019年

区域试验基地（南川大观云雾）

马蹄金

紫花苜蓿

燕　麦

美丽胡枝子

多花木蓝

高丹草

苇状羊茅

多花黑麦草

整　地

播　种

多花木蓝移栽

小区观察

田间观察

多花黑麦草测产

美丽胡枝子测产

燕麦测产

刈割测产

2020年

区域试验基地（南川大观云雾）

多花木蓝

高丹草

施　肥

播　种

育　苗

除　草

田间观察

多花黑麦草测产

高丹草测产

多花木蓝株高测定

自查工作会

2021年

区域试验基地（南川大观云雾）

红三叶

黑　麦

美丽胡枝子

多花黑麦草

苦荬菜

整 地

播 种

象草扦插

除 草

田间观察（一）

田间观察（二）

象草测产

高丹草测产

多花黑麦草测产

苦荬菜测产

西南民族大学等单位专家参观指导

西南民族大学等单位专家合影

2022年

区域试验基地（南川大观云雾）

区域试验基地（南川大观云雾）

多花黑麦草

非洲狗尾草

苦荬菜

整　地

施　肥

播　种

扦　插

田间观察

田间观察

多花黑麦草测产

非洲狗尾草测产

红三叶测产

刈割测产

附录二　大事记（2008—2022年）

2008年

3月

23—26日　首次全国草品种区域试验技术培训班在四川省成都市开班，重庆市畜牧技术推广总站（重庆市饲草饲料站）派员参加。国家草品种区域试验重庆工作正式开启，基地暂设在万州区、巫溪县，至2009年。

12月

17—19日　全国草品种区域试验工作座谈会在云南省昆明市召开，重庆派员参加。

2009年

3月

9日　在重庆市渝北区统景镇合理村建设草品种区域试验基地（简称统景基地），开展国家草种区域试验工作，至2012年。

4月

18—20日　国家草品种区域试验技术培训班在河南省郑州市开班，重庆派员参加。

9月

26—28日　国家草品种区域试验工作考核组（全国畜牧总站组织专家李新一、马金星、鲍健寅）在统景基地现场检查并听取重庆试验点工作汇报。

10月

21日　国家草品种区域试验重庆工作总结会在重庆市渝北区顺利召开。

2010年

3月

30日　在重庆市南川区大观镇龙川村建设草品种区域试验基地（简称龙川基地），开展国家草品种区域试验工作，至2015年。

4月

7—10日　国家草品种区域试验技术培训班在湖南省邵阳市开班，重庆派员参加。

2011年

3月

12日　四川农业大学张新全、彭燕、黄琳凯一行到统景基地和龙川基地进行现场指导。

4月

7—9日　国家草品种区域试验技术培训班在湖北省武汉市开班，重庆派员参加。

8月

29—30日　国家草品种区域试验工作考核组（全国畜牧总站组织专家李聪、刘建秀、邵麟惠）在龙川基地考核并听取重庆试验点工作汇报。

11月

24日　西南大学玉永雄、刘卢生一行到龙川基地进行紫花苜蓿移栽现场指导。

2012年

4月

25—27日　2012年国家草品种区域试验技术培训班在北京市开班，重庆派员参加。

2013年

3月

1日　在重庆市南川区大观镇云雾村建设草品种区域试验基地（简称云雾基地），开展国家草品种区域试验工作，延续至今。

5月

6—9日　国家草品种区域试验技术培训班在广东省广州市开班，重庆派员参加。

9月

14日　国家草品种区域试验工作考核组（全国畜牧总站组织专家周禾、李聪、齐晓）在重庆考核，听取重庆试验点工作汇报并前往龙川和云雾两个基地进行现场考察考核。

2014年

1月

7日　2013年国家草品种区域试验重庆工作总结会顺利召开。

4月

9日　成功建成并获全国畜牧总站（全国草品种审定委员会）"国家草品种区域试验站（南川）"命名和授牌1个。

23—24日　国家草品种区域试验技术培训班在四川省成都市开班，重庆派员参加。

2015年

3月

24日　从广西引种皇竹草（杂交狼尾草）、甜象草、紫象草到云雾基地观察展示，至2022年，生长情况良好。

7月

21日　云雾基地进行气象监测仪器设备安装。

2016年

1月

26—29日　2016年草业形势分析会及草原统计监测技术培训班在云南省昆明市开班，重庆派员参加。

2017年

1月

19日　四川省农业科学院植物保护研究所副所长刘勇教授一行到云雾基地指导病虫害防治工作。

5月

10日　2017年国家草品种区域试验数据统计培训班在江西省南昌市开班，重庆派员参加。

16日　农业部全国草业产品质量监督检验测试中心冯葆昌、刘芳到云雾基地指导工作。

22日　重庆荣豪农业发展有限公司挂牌"草牧业融合发展示范基地"。

6月

7—8日　全国草牧业科技创新成果暨桑产业现场观摩研讨会在重庆市开州区召开。

7月

13日　丰都县大地牧歌农业发展有限公司挂牌"饲草种植利用示范基地"。

10月

17日　重庆市草业工程技术研究中心专家委员会正式成立。

2018年

1月

28日　全国畜牧技术推广总站邵麟惠在云雾基地现场指导。

10月

9—11日　全国饲草业调查监测第二次技术会商会在兰州大学召开，重庆派员参加。

22—24日　全国饲草有害生物监测与防治技术培训班在山西省太原市开班，重庆派员参加。

29—31日　农业农村部畜牧兽医局在湖北省武汉市组织召开机构改革后的首次全国饲草业调查监测培训班。重庆派员参加。

11月

4—5日　草牧业典型模式总结交流会暨2018年国家草品种区域试验统计培训班在河北省张家口市开班，重庆派员参加。

15—16日　重庆市2018年饲草业调查监测暨草业统计培训班在两江新区顺利召开。

20日　全国草品种区域试验工作研讨会在江西省南昌市召开，重庆派员参加。会议决定，全国草品种区域试验工作从2019年起将在全国分片区进行。

2019年

1月

1日　自2019年起，西南地区国家草品种区域试验由西南民族大学牵头，重庆南川试验站与其签订试验实施协议开展工作，延续至今。

5月

10日　重庆市2018年度饲草业调查统计数据会商会在重庆市畜牧技术推广总站召开。

20—22日　2019年全国草牧业统计监测培训班在山东省青岛市开班，重庆派员参加。

2020年

7月

3日　重庆市草原监测与全国饲草业调查监测项目顺利通过验收。

9月

1日　国家草品种区域试验重庆试验点开展工作自查。

14—17日　2020年饲草品种区域试验培训班在云南省昆明市开班，重庆派员参加。

11月

10日　第二届（2020）中国草牧业发展论坛在甘肃省定西市召开，重庆派员参加。

2021年

5月

8日　兰州大学草地微生物研究中心薛龙海青年研究员到云雾基地和合川区肖家镇草牧业融合发展示范基地开展饲草病害调查。

17日　西南民族大学动物科技学院副院长周青平带队西南民族大学、重庆市畜牧科学院、贵州省农业科学院、湖北省农业科学院等川渝黔鄂4省科研院所草业专家代表团共计12人到云雾基地参观、指导工作和交流学习。

24—27日　2021年全国草牧业统计监测技术培训班在四川省成都市开班，重庆派员参加。

6月

15—18日　全国畜牧总站在黑龙江省哈尔滨市举办了2021年饲草品种性能测试培训班，重庆派员参加。

10月

15日　全国畜牧总站发文调整草牧业形势分析专家组，重庆市畜牧总站李发玉为专家组成员，负责重庆市草牧业形势分析。

21日　全国畜牧业标准化技术委员会草牧业标准化工作组成立暨第一次全体委员会议在海南省儋州市顺利召开，重庆派员参加。

12月

14日　2021年重庆市草业统计技术培训会在两江新区顺利召开。

2022年

6月

22日　全国畜牧总站发文调整草牧业形势分析专家组，重庆市畜牧总站李发玉为专家组成员，尹权为为数据组成员。

12月

23日　2022年饲草品种性能测试培训班在线上开班，重庆市畜牧技术推广总站相关人员参加。

30日　2022年重庆市草牧业调查统计培训班在线上开班，各区（县）相关负责同志参加。

附录三 鲁梅克斯k-1杂交酸模引进试点试验

一、缘起

1999年春，重庆富渝实业总公司向市有关方面及市农业局等推介鲁梅克斯k-1杂交酸模（以下简称"鲁梅克斯"），提出大面积推广要求。

二、调研及建议

4月中旬，鉴于重庆富渝实业总公司方面不能提供鲁梅克斯在重庆区域的有效栽培技术、加工利用、动物饲养报告等第一手资料，市饲草饲料站根据国家法律法规和有关规定、主管部门领导指示等，派人随同公司人员到四川德阳什邡、成都简阳等地进行专门考察、了解，于月底提出了"鲁梅克斯是北方培育产品（品种）。在北方可以种植，但在我市还未作田间试验，是否适应我地条件还不知晓。……此牧草可在我地先引种，在试种成功的基础上，作为一个新品种大范围推广。企业对此要作产业化发展，是企业行为，我们支持。若有关方面确定（目前）要上该项目，我们建议先作种子、植株营养学分析，按照专家鉴定意见确定实施事宜……"等5条"关于在我市推广鲁梅克斯牧草的意见"。

紧接着，市饲草饲料站广泛收集有关资料、咨询国家相关部门，于6月份提出《关于重庆市推广鲁梅克斯k-1牧草的意见》，明确"……该草属叶荣类、肉质根、多年生、多汁饲料，生长第一年呈叶簇状态，第二年才开花结实，株高1.7～2.9m。据介绍，鲜草亩产在水肥条件较好的条件下，每年可达15～20t，其中干物质含量为7%～8%，干物质中含粗蛋白29%～34%，还富含其他营养物质。……根据重庆地域的自然条件和中国鲁梅克斯集团走产业化发展的战略，并根据其他省、自治区、直辖市试种情况，我站认为，在重庆应首先认真做好试验示范工作，在此基础上，再做大面积推广工作。这样可以稳中求进，慢中求快，既不损害企业利益，更不损害农民利益。其原因一是农业部牧草品种审定委员会每年审定通过的牧草（种子）品种数量较多，许多品种都有其区域性及适应性，迄今尚无能'包打天下'的品种；二是鲁梅克斯k-1牧草在中国试种时间短，推广面积较小，在内地尚无令人信服的推广区域及推广试验数据；三是该草不耐瘠薄、干旱，只适宜在水肥充足、土层深厚的条件下种植，如在熟地种植，存在粮、经（经济作物）争地的矛盾；而且因为系肉质根，在水土保持方面的效果须经试验才能确定；四是目前种子价格太高，亩用种量据介绍为130～150克，其费用就在一千元左右，即使以500元计，在目前没有龙头企业回收牧草和进行深加工以增值的情况下，大面积推广也会产生一些问题；五是如果中国鲁梅克斯集团将我市作为推广基础，在对农户预付一定比例订金，有关单位担保并签订收购协议的情况下，我站非常支持该牧草在我市的推广工作，并建议企业或农户先试验，根据试种和其他方面进展情况确定推广工作……"

三、市政协建议及办理

1999年12月13日，时任重庆市政协主席张文彬对引种鲁梅克斯作了批示，之后，市政协以渝政协〔2000〕1号《关于发展我市鲁梅克斯绿色产业的建议》致函重庆市人民政府。时任副市长陈光国责成市农业局进行鲁梅克斯种植试验，以总结推广经验。2000年2月22日，市农业局邀请市政协农业林业委员会、市政府办公厅二秘书处、西南农业大学及市饲草饲料站等单位人员进行座谈讨论，根据有关专家、技术人员介绍的鲁梅克斯性能情况，与会人员认为，"虽然鲁梅克斯存在水分含量高（达91%左右），不利于储藏，且需大肥大水生长条件和主要适宜喂猪、禽、兔、鱼等的缺点，但作为1995年引进、1997年经农业部牧草品种审定委员会审定公布的优质牧草，它的优点很多：一是根系发达，且根系存活时间高达25年以上，其保持水土的能力极强；二是产量很高，年亩产为15～20t；三是干物质中蛋白质含量高达27%～30%；四是所含微量元素丰富，可以开发加工为饮料等食品。因此，建议积极引进试点试验，尽快掌握它在我市不同区域的生产适应性情况和饲喂畜禽的效果，总结推广科学的种植技术，促进我市种草业的发展和畜牧业结构的调整优化……"2000年2月28日，重庆市农业局以重农畜发〔2000〕5号文件向重庆市人民政府报送了《重庆市农业局关于引进鲁梅克斯k-1杂交酸模开展试点试验的请示》（以下简称"请示"），并由市饲草饲料站按照提出的"重庆市引进鲁梅克斯k-1杂交酸模试点试验实施方案"着手相关准备工作。

四、试验开展

2000年3月，市政府同意市农业局"请示"后，市饲草饲料站组织巴南、云阳、城口、江津、沙坪坝5个区（县）有关单位，在鱼洞、千峰、黄安坝、德感、歌乐山等13个点迅速开展鲁梅克斯的试点试验工作。一是选择高、中、低三个不同海拔的区域，进行种植对比试验，了解其生长及耐寒耐热情况；二是选择房前屋后（肥沃）土地和坡度25°以上退耕还草地进行对比试验，了解其在不同土壤条件、不同水肥条件下的生长情况；三是进行猪、羊、兔、鹅、鱼、肉牛等不同动物的喂养试验，了解不同动物的适口性和增效情况。2000年5月上旬，重庆市人民政府办公厅以渝办函〔2000〕15号《关于市政协建议发展我市鲁梅克斯绿色产业意见的复函》致函市政协办公厅，回复了相关情况。

在市财政20万元专门试验经费支持下，整个试验工作按照计划正常推进。2000年12月底，全部试验内容顺利结束，各协作单位分别向市饲草饲料站提交了试验数据、有关记录、工作总结，市饲草饲料站根据试验所获数据、资料，撰写了试验报告。2001年1月11—12日，在巴南召开了鲁梅克斯k-1杂交酸模试点试验总结会，交流讨论有关情况、报告内容。1月17日，市饲草饲料站以正式文件向主管部门报送了重庆市引进鲁梅克斯k-1杂交酸模试点试验报告。至此，重庆引进鲁梅克斯试点试验工作结束。